都市と河川
世界の「川からの都市再生」

吉川勝秀 編著
伊藤一正 著

技報堂出版

はじめに

　ロンドン、パリ、ボストンなどの欧米の都市では、産業革命が起きた18世紀中ごろから、樹木のある幅の広い街路と公園を配置した都市づくりが進められてきた。それらの多くの都市では中央に川や運河が流れている。

　20世紀に入り、モータリゼーションが発達すると、道路を軸とした都市づくりが進められるようになり、都心部では、通過交通を含む交通を処理するための道路が建設された。一方、川や運河は工場や家庭からの排水により汚染され、道路建設のために埋め立てられたり、暗渠化により蓋をされた。

　しかし、20世紀後半になると、ボストンのベイエリア、ロンドンのドッグランドなどでは、かつて物流の中心であった港湾地区を住宅や商業地などに再開発することが進められるようになった。日本では、隅田川の沿川再開発や東京湾の埋立地における都市整備などが行われた。

　また、都心を通過し、河畔や川の上空を占用していた道路を撤去し、水辺を開放することで、川の再生、都市の再生が進められるようになった。ソウルの道路撤去と清渓川（チョンゲチョン）の再生、ケルンおよびデュッセルドルフの河畔連邦道路（アウトバーン）の撤去・地下化と河畔の都市再生、ボストンの高架高速道路の撤去・地下化と都市再生などである。

　欧米諸国のみならず、シンガポール、上海、北京、東京といったアジアの都市においても、道路を設けて都市再生をする時代ではなくなっている。貴重な都市空間である川や運河を再生することにより都市を再生する時代となった。

　本書は、そのような世界の都市再生の事例をできるだけビジュアルに紹介するとともに、これからの日本での都市再生のあり方について述べたものである。街路、道路を整備することによる都市計画、都市再生ではなく、川や運河、湾岸の水と緑を軸とした都市計画、都市再生について検討した。

　本書がこれからの時代の都市計画、都市再生、まちづくりにかかわる行政担当者、学識者、学生、そしてコンサルティング・エンジニア、プランナーなどの参考とされ、生かされることを期待したい。

2008年9月
吉川　勝秀

CONTENTS

はじめに i

第1章　世界中で進められる川からの都市再生 1

都市を何により再生するか 2
道路をつくり都市を再生する時代の終焉 3
川と道路の関係を再構築する時代 4
川、運河、堀などの水辺からの都市再生 7
世界中で始められている川からの都市再生 11
川は都市を再生するうえでの重要素材 13
川を都市の空間として生かす必須の装置、リバー・ウォーク 14
望まれる舟運の再興 17
川の再自然化、生態系の再生 19
川や運河、湾岸からの都市再生の東京モデル 20
本書で紹介する世界の事例 23

第2章　日本の事例 25

1　東京・隅田川 26
百万都市を支えた舟運 26　　死の川から都市のオアシスに 30
都市の水辺空間の喪失 32　　都市に残された水と緑の空間 33
今ある川をいかに生かすか 35　　特徴と展望 38

2　北九州・紫川 40
日本の産業革命発祥のまちを流れる川 40　　川の再生と川からの都市再生 42
水景都市の創出 44　　特徴と展望 46

3　大阪・道頓堀川、大川 47
天下の台所を支えた堀川 47　　堀川の埋め立てと水質浄化 49
水の回廊づくりと景観整備 51　　大阪を動かす民間パワー 54
特徴と展望 56

4　名古屋・堀川 58
名古屋城とともに誕生した堀川 58　　河畔のにぎわいや舟運の復活へ 60
官民協働で取り組む水質浄化 63　　特徴と展望 64

5　徳島・新町川 65
徳島再生のシンボル、新町川 65　　藍で栄えた商都徳島と舟運 67
行政間の連携で進んだ川と都市の再生 70　　新町川を守る会の活動 74
ひょうたん島クルーズの意義 77　　川からみるまちの景観 80
特徴と展望 85

6　恵庭・茂漁川、漁川 87
稲作地帯からベッドタウンへ 87　　水と緑のやすらぎプランでよみがえった川 88
川とまちをバリアフリーに 90　　特徴と展望 93

第3章　欧米の事例 95

1　ボストン・チャールズ川とボストン湾 96
埋立地に築かれたアメリカの古都 96　　水と緑のエメラルド・ネックレス 98
ボストン湾岸の環境改善 100　　道路の撤去、水辺の復権 102
特徴と展望 104

2　マンチェスター・マージ川と運河 106
産業革命を支えた川 106　　現代に生かす運河 108
マージ川流域キャンペーン 110　　行政・市民・企業をつなぐネットワーク 112
特徴と展望 115

3　テキサス・サンアントニオ川 116
ラテン的な面影を残したアメリカの聖地 116　　若い技術者の構想 118
川の再生・第二のステップ 120　　特徴と展望 124

4　ロンドン・テームズ川と運河 125
ローマ人が築いた河港都市 125　　上水道と下水道 127
水辺を生かした都市再生 129　　特徴と展望 131

CONTENTS

5　パリ・セーヌ川と運河　133
シテ島からの発展　133　　上水道と下水道　135
都市の軸となっているセーヌ川　136　　特徴と展望　139
6　ケルン、デュッセルドルフ・ライン川　140
「父なるライン」とともに歩む都市　140
河畔からの道路撤去と水辺の再生　142　　特徴と展望　147

第4章　アジアの事例　149

1　シンガポール・シンガポール川　150
19世紀に誕生した国際貿易港　150　　国家主導の河川浄化プロジェクト　152
河畔の土地の再開発　153　　水資源政策と環境との調和　156
特徴と展望　157
2　ソウル・清渓川　158
ソウルの奇跡と呼ばれた清渓川の復活　158　　周到な計画と迅速な実践　161
都心部に出現した水と緑の空間　163　　清渓川復元事業の影響　165
特徴と展望　168
3　高雄・愛河　169
河川と都市との連携　169　　高雄市における都市の成立　171
日本統治時代の都市化の進展　173　　戦後の復興の道のり　174
愛河の水質浄化への取り組み　177　　景観整備と観光クルーズ　180
水と緑のエコロジカル・ネットワークづくり　188　　特徴と展望　192
4　上海・黄浦江、蘇州河　193
国際都市・上海と黄浦江　193　　上海発祥の川・蘇州河の再生　196
各段階の事業内容と達成状況　198　　特徴と展望　201
5　北京・転河ほか　202
水路が巡っていた中国の都　202　　復活する歴史的な舟運路　203
河川環境・景観への配慮　207　　特徴と展望　208
6　バンコク・チャオプラヤ川と運河　210

舟運が盛んな水都バンコク 210　　都市化が招いた水害 214
　　水との共生 218　　特徴と展望 221

第5章　今後の展望 223

1　世界の事例からの展望 224
　川や運河、堀、湾岸などの水辺からの都市再生 224
　河畔のみならず、川沿いの幅広い区域の都市再生 224
　道路を撤去し、自動車を都市に入れないことによる都市再生 226
　川の再生、川からの都市再生は、より大きな目標を目指して 228
　川からの都市再生は経済の再生（水辺再開発、住宅への転用、観光）230
　川の再生、川からの都市再生の推進力 230
　社会的共通資本の再生には公的な関与が必須 234

2　全国の都市について 242
　都市計画（戦災復興）の成果のうえに市民主体・行政参加で再生された都市：
　　　徳島・新町川からの都市再生 242
　行政のトップによる継続的かつ強力なリードで推進された川からの都市再生：
　　　北九州・紫川からの都市再生 244
　都市計画（戦災復興）で計画・構想された河畔の活用 244
　都市域の面積の約1割を占める連続した河川空間は都市の社会的共通資本 245
　リバー・ウォークを整備することにより川の空間を都市の貴重な空間に 245
　河川や運河の舟運は、都市を河川や運河と結びつける装置 246
　これからの都市再生は、連続した川、運河、堀、湾岸などの水辺空間から 247

3　東京の日本橋川、大阪の道頓堀川・東横堀川と大川 248
　日本橋川の再生、川からの都市再生 248
　大阪の道頓堀川・東横堀川と大川からの都市再生 255

4　川からの都市再生が目指すもの 259

おわりに 261

第1章
世界中で進められる川からの都市再生

これからの時代は、川や運河、湾岸などの水辺からの都市再生が世界的に重要となる。この章では、その背景と実情、そして今後の展望について概観しておきたい。

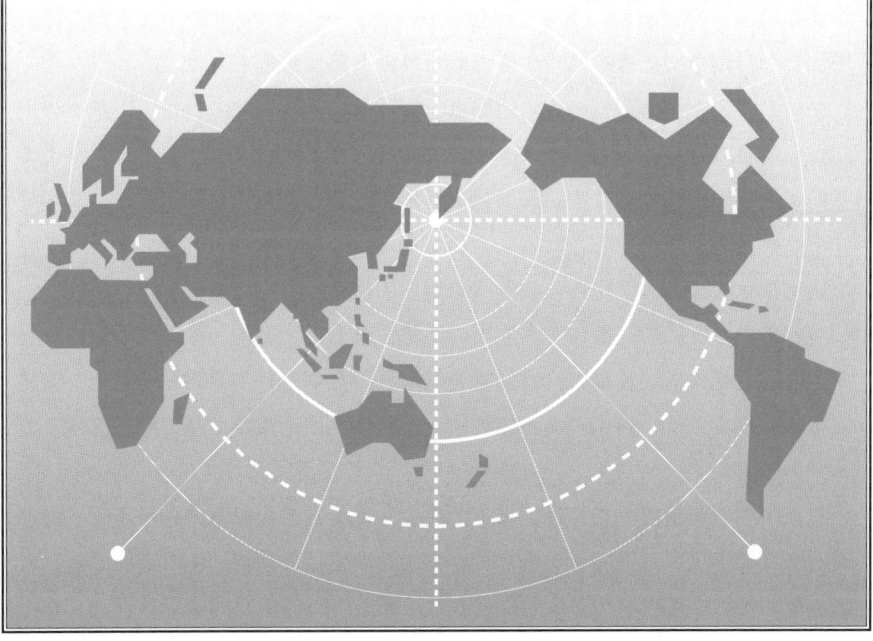

●都市を何により再生するか

　19世紀末から20世紀までの都市整備、都市再生を概観すると以下のようであった。

　19世紀末から20世紀前半にかけては、産業革命後の工業化、都市化の進展により、大気汚染や河川などの水質汚染が大きな問題となっていた。そのため都市に公園緑地を整備して空気のきれいな「都市の肺」としての公共空間を設け、樹木のある幅の広い道（ブールヴァール、公園道路）を整備することで都市を形成することが世界的に進められた[1]～[4]。その例は、パリのシャンゼリゼ通りや公園、ボストンのバックベイ地区の通りと公園などに現在でも残されており、風格のある都市域となっている。それとともに清潔な飲み水などを確保するための上水道と汚染された川などの水質を改善するための下水道の整備という社会インフラの整備も進められた。

　その後、川や運河での舟運による物流、陸域での馬車による物流などに代わり、自動車が台頭し、モータリゼーションの進展により、ますます道路の整備が都市計画、都市整備の重要な手段となった。そして20世紀中ごろからは、増加した自動車交通量を処理するためだけの道路が整備された。

　かつての樹木のある幅の広い道路は、交通量に応じた幅ではなく、都市の空間として必要な幅が確保されていた。しかし、20世紀後半になると、都市の空間としての道路ではなく、交通量を処理することのみを目的とした、交通量に応じた幅の道路が整備されるようになった。緑豊かな都市の空間となっていた樹木帯は撤去され、単なる自動車を走らす道路となったものも多い。

　アジアでも台湾の高雄市や台北市の道路をみると、戦前・戦後に整備された樹木のある幅の広い道路と、交通量を処理するためだけの道路との対比を実感できる。日本では、樹木のある幅の広い道路は、仙台市などにごく一部残るのみである。

　戦前・戦後の道路整備では、都市の中に、都市内の自動車のみならず、通過交通をも導き入れる道路を整備している。かつては先見性のある道路とされた名古屋の100m道路も、今日的にみると、都市内に通過交通を導き入れるものである。東京首都圏では、急増してきた自動車による都市内の渋滞を解消する

ために、1964（昭和39）年の東京オリンピックを前に、首都高速道路の整備が急ピッチで進められた。今日、この首都高速道路は、都市計画の欠如を象徴するかのように、都市内に大量の通過交通を流入させている。首都高速道路の交通量の約6割は通過交通である。

これからの時代は、都心に通過交通を導き入れる時代ではない。むしろ、都市内への自動車の通行を制限する時代である。日量17万台を処理していた高架道路と平面道路を撤去したソウル（韓国）をはじめ、パリ（フランス）でも、シンガポールでも、デュッセルドルフ（ドイツ）でも、都心部での道路交通を制限し、あるいは排除し、水や緑に注目して都市再生を進めている。

●道路をつくり都市を再生する時代の終焉

このように長い間、都市計画の基軸は道路整備にあったといえる。しかし、これからの時代の都市再生は、道路整備によるものではない。

都市の道路整備は現在でも続いているが、都市内への通過交通を軽減するための環状道路などの整備がその中心となっており、交通計画上の無策ともいえる放射状道路の整備により都心に流入する交通をバイパスさせるものである。東京首都圏でいえば、問題の多い既設の都心環状線の外側に中央環状線、外郭環状線、圏央道、そして北関東自動車道路を整備している。これらの環状道路の整備は、都心への通過交通量などの軽減を図るものである。それらの環状線の整備が進み、高速道路以外の都市内の一般道路を整備することで、既設の都心環状線の撤去、環状7号線の路線削減やそれによって生まれる空間の緑化といったことも検討されてよいであろう。

都心に道路交通を導き入れないことによる都市再生の具体的な例は、ソウルやデュッセルドルフなどにみることができる[3)〜6)]。

これからは、道路をつくって都市を形成あるいは再生する時代ではない。例えば、東京の池袋や大阪の船場付近に建設された高架道路は、交通を処理するという視点からは工夫されたものであろうが、自然と共生する都市再生には程遠いものであり、都市の恥部ともいえる（**写真 1-1、1-2**）。これらは都市計画が機能してこなかったことを示している。道路交通の処理のみしか考慮しない醜悪な施設を都市内に建設しているのは、世界でも日本だけである。

写真 1-1　東京池袋の高架の高速道路の風景　　写真 1-2　大阪船場近くの高架の高速道路の風景

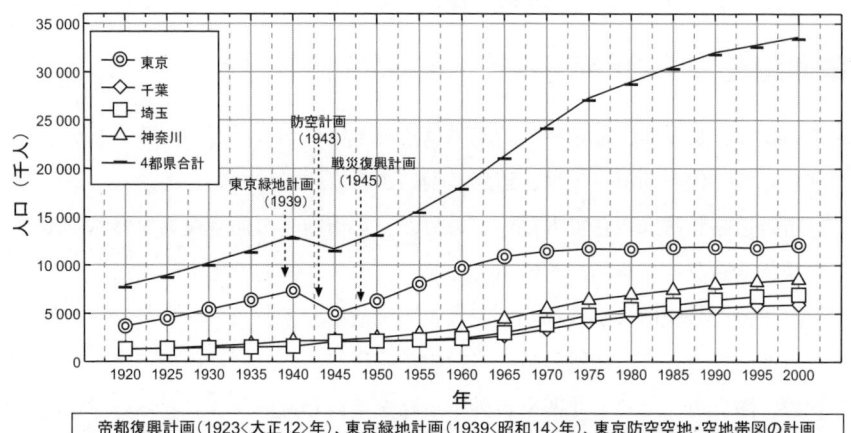

図 1-1　東京首都圏の人口増加、主要な都市計画の歴史、川・運河・水路などの変遷
　　　　（都市を主体に）

　図 1-1 は、東京首都圏の人口増加、主要な都市計画の歴史（道路整備の歴史を含む）、川・運河・水路などの変遷を概括的に示したものである。

●川と道路の関係を再構築する時代

　今や道路をつくり都市を形成する時代を経て、都市と道路、川と道路の関係を再構築する時代となった。

　ドイツのケルンやその下流のデュッセルドルフでは、1970 年代後半から 1980 年代後半にかけて、川と都市とを分断するように設けられていたライン

河畔のアウトバーン（連邦道路、高速道路）を地下化し、川と河畔を都市に開放した[3)~6)]。

さらに、ソウルでは、21世紀早々、高速道路と一体となっていた高架道路と平面道路を撤去し、地下化されていた清渓川(チョンゲチョン)を再生した。そこでは、道路は再建せず、都心部への自動車の流入を排除し、都心部を再生した。この道路撤去、河川再生は、従来の道路を設けることによる都市形成・都市再生というものから、都心部への自動車の流入を排除して都市を再生するという、これまでの都市経営のパラダイムを大きく転換するものであった。この道路撤去により大きな社会混乱が生じるとの懸念が主として道路にかかわる者からあったが、そのような混乱は全くなく、この事業は市民・国民に歓迎され、ソウルの再生に大きく寄与した[7)]。この事業を強力に推進した李民博(イミョンバク)前ソウル市長は、目にみえるこれらの成果もあり、大統領に就任した。

アメリカのボストンでは、都心とボストン湾の水辺を分断する施設となっていた高架の高速道路を1990年代から撤去して地下化した。この事業はビッグ・ディッグ（Big Dig：大きな埋設）と呼ばれ、交通問題を改善するとともに水辺を都市に開放し、道路跡地を緑化して都市に緑を再生するという目的を持つものであった。

中国・北京の転河(てんが)（高梁河(ガオリャンホー)）では、都心部の埋め立てられていた川を掘り起こして再生するとともに、河畔の都市を再開発している。

このように、都市を広域的に再生するために、河畔の再生、地下化されて暗渠となっていた川の上部につくられた道路の撤去、水辺と都市を分断していた高架の高速道路の撤去が、欧米の都市のみならず、アジアの都市でも行われている[3)~7)]。

日本でも、東京オリンピックを前に、日本橋川などを覆うように設けられた高架の高速道路を撤去することが、道路関係者でも、そして政府でも議論される時代となっている（**写真1-3**）。日本橋川上空のみでなく、都心環状道路に近接する神田川や渋谷川下流古川の上空の道路撤去も議論されてよいであろう。

そして大阪でも、かつての商業の中心地であった船場の東横堀川上空を占拠する高架の阪神高速道路の撤去も議論されてよいであろう（**写真1-4**）。

写真 1-3　東京の日本橋川を覆う首都高速道路

写真 1-4　大阪の東横堀川を覆う阪神高速道路

写真 1-5　東京の隅田川河畔を覆う首都高速道路

写真 1-6　大阪の大川河畔を覆う阪神高速道路

　また、高架の高速道路は、河川のみならず河畔の上空を占拠している。東京の隅田川河畔の首都高速道路、大阪の大川（旧淀川、堂島川と土佐堀川に分流する区間もある）の阪神高速道路、さらには、江戸城外堀の弁慶濠（赤坂見附付近）の横にある首都高速道路の撤去についても議論されてよい（**写真 1-5、1-6**）。

　都心部において、川や堀を覆うように、かくも多くの場所で高速道路を建設した国は日本以外にはない。この 20 世紀の負の遺産を解消するために、川と道路の関係を再構築することが求められている。

　このように、川や堀などの水域を都市空間から消失させた高速道路建設は、ほかにも都市空間にダメージを与えている。上述の**写真 1-1、1-2** は、都市景観を破壊している最も醜悪な例であろう。

　都市には道路が必要であるが、川や堀、緑地などの都市の重要な空間を使用すべきではない。世界のどの都市においても、別途、道路空間を確保している。

欧米の都市のみならず、アジアのソウル、台北、高雄などの都市においても、道路用地はその目的で、しかるべく確保され、道路が建設されている。台北や高雄では、単に交通量を処理するためだけではない道路、すなわち都市の空間としての樹木のある幅の広い道路が都市内で現在でもみられる。日本の事例は、都市計画の不機能を象徴するものであり、道路という単目的、交通問題の軽減という近視眼的な目的のみを持って都市に道路が建設されたことを示すものであろう。

●川、運河、堀などの水辺からの都市再生

これからは川や運河、堀などの水辺から都市を再生する時代である。

東京首都圏で20世紀後半から行われているスポット的な都市再開発、例えば六本木ヒルズとなった地区、汐留のJR操車場跡地、六本木防衛庁跡地などの再開発の多くは、商業的には効率よく開発されていても、それらの再開発地区を含む都市の一連の区域について、自然と共生する都市への再生には全くといってよいほど寄与していない。

都市の一連の区域の再生には、限られた地区の再開発やこれまでの道路を軸とした再生ではなく、川や運河、堀、湾岸の水辺などを軸とした再生が必要である。

都市の中の川の面積は、図1-2に示すように、公園緑地の面積よりもはるかに広く、都市面積の約10%を占める広大で連続した空間である[3)〜6)]。また、河川までの距離は平均で約300m、歩いて約5分で行くことができる。すなわち、都市の河川などの水辺空間は、身近でかつ広大な市民共有の空間である。

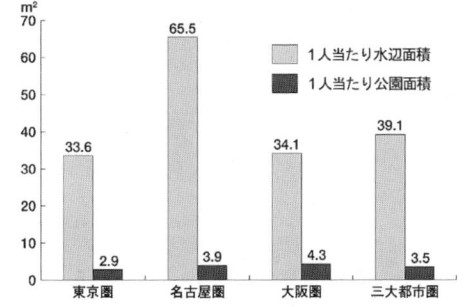

図1-2 都市の中の川の面積
（全国平均値。都市計画区域内の値）

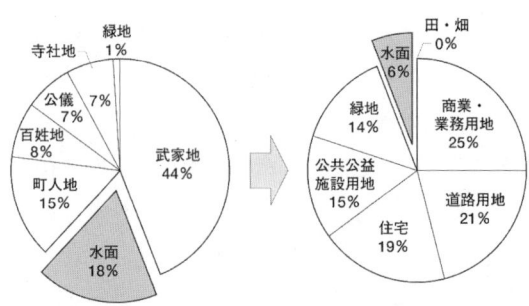

図1-3　東京都心部の水面積など(左：江戸末期〈140年前〉の土地利用、右：現在の東京の土地利用)
　　　(建設経済研究所資料より作成)

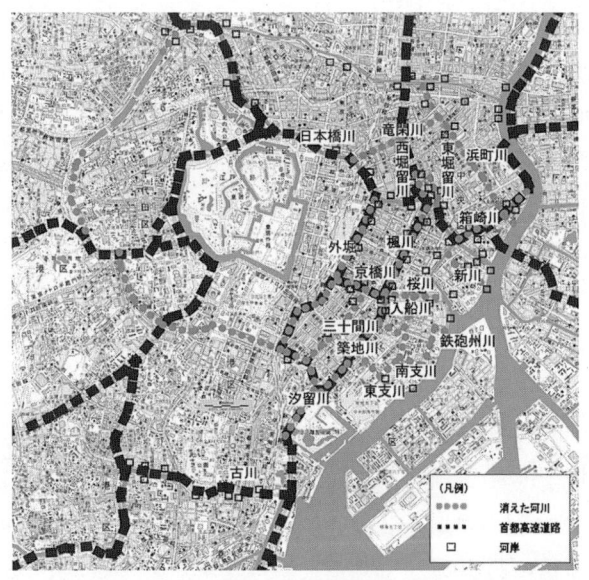

図1-4　都市都心部の川の変遷の概要（河川、水路などの消失、占用）

　さらに、消失した河川や水路なども、その再生が考えられてよい（図1-3～1-5）。その最も大規模な事例はソウルの清渓川や北京の転河（高梁河）の再生であるが、日本でも、そのイメージに比較的近いものとして、せせらぎ水路と緑道を整備した東京東部低地の境川・小松川緑道や目黒川上流の北沢川緑道、栃木県宇都宮市の釜川の二層河川の例などがある（写真1-7～1-9）。比較的初期にせせらぎ水路化した境川・小松川や二層化した釜川は造園的、箱庭的で

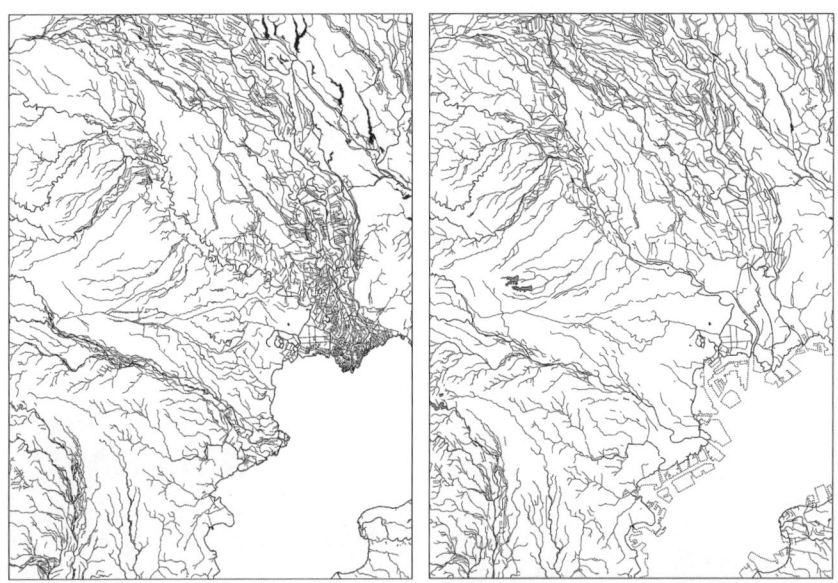

図 1-5　東京首都圏での河川、水路などの消失、現存する河川、水路など
（左：100 年前〈明治 40 年ごろ〉、右：現在〈平成 13 年〉）

写真 1-7　東京の境川・小松川緑道（地下暗渠の上にせせらぎ水路と緑道を設置。江東区）

写真 1-8　東京の北沢川緑道（目黒川上流。地下暗渠の上にせせらぎ水路と緑道を設置。世田谷区）

稚拙な面があるが、その後の北沢川などでは、水際などで、より生態系に配慮した水路形態となっている。緑道については、コンクリート化するだけではなく、透水性舗装、ウッドチップ舗装なども検討されてよいであろう。植生は、木陰をつくる在来の植生が用いられてよい。

　河川空間を生かした都市再生は、これからの時代の都市再生の重要な視点で

写真 1-9　栃木の釜川（二層河川。宇都宮市）

写真 1-10　都市の軸となっている京都の鴨川

写真 1-11　都市再生の軸となっている韓国・
　　　　　ソウルの清渓川
　　　　　（道路撤去、川の再生）

写真 1-12　都市再生の軸となっている東京
　　　　　の隅田川

写真 1-13　都市再生の軸となっている台湾・
　　　　　高雄の愛河

写真 1-14　都市再生の軸となっているシン
　　　　　ガポールのシンガポール川

あり、すでに世界各地で進められている。その代表的なものを例示しておきたい（写真 1-10 〜 1-14）。

●世界中で始められている川からの都市再生

　川や運河、湾岸などの水辺の再生と、それを軸とした都市の再生が世界で数多くなされている。

　その代表的なものとして、欧米では、イギリスのマージ川（マンチェスター・シップ・カナルのドック地域）での水辺の都市再生、ボストンの湾岸での水辺の開放と都市再生、ケルンとデュッセルドルフのライン川での河畔と都市の再生を挙げることができる（写真 1-15 〜 1-17）。

　アジアでも、シンガポールのシンガポール川河畔での都市再生、ソウルの清渓川、上海の蘇州河、北京の転河（高梁河）、そしてまさに川の再生を軸に都市を再生してきた台湾・高雄の愛河などを挙げることができる（写真 1-18 〜 1-22）。

写真 1-15　イギリスのマージ川での川からの都市再生

写真 1-16　ボストンの湾岸の水辺再生と連携した都市再生

写真 1-17　ライン川河畔のケルン、デュッセルドルフの川からの都市再生
　　　　　（左：ケルン、右：デュッセルドルフ）

写真 1-18　シンガポールの川からの都市再生

写真 1-19　ソウルの川からの都市再生
（清渓川。道路撤去・川の再生）

写真 1-20　上海の蘇州河からの都市再生

写真 1-21　北京の転河（高梁河）からの都市再生

写真 1-22　高雄の愛河からの都市再生

写真 1-23　東京の隅田川からの都市再生

写真 1-24　北九州の紫川からの都市再生

写真 1-25　大阪の道頓堀からの都市再生

写真 1-26　徳島の新町川からの都市再生

　日本でも、東京の隅田川、北九州の紫川、大阪の道頓堀川、徳島の新町川などを挙げることができる（写真 1-23 ～ 1-26）。

●川は都市を再生するうえでの重要素材

　川や運河は、その国の歴史・文化を踏まえ、環境面、さらには経済面も含めて都市を再生するうえでの重要かつほぼ唯一ともいえる都市の素材である。
　そのような川からの都市再生は、韓国・ソウルの清渓川、台湾・高雄の愛河、イギリスのマージ川などで典型的にみられ、市民に憩いの場を提供するとともに、観光などを通じた経済の再生においても重要なものとなっている。マージ川、清渓川、愛河の再生における目標をそれぞれ図 1-6、表 1-1、1-2 に示した。いずれも、単に川を再生するのみでなく、都市の再生という、より大きな目標を設定している。

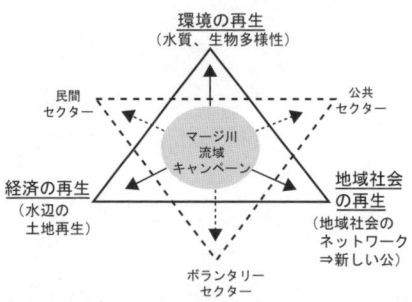

■流域キャンペーン
■経済の再生、水系の再生
■1985年～2010年
■3つの目標（9つの方針）

図1-6 イギリスのマージ川における3つの目標[3]

表1-1 韓国・ソウルの清渓川再生における目標

①600年の歴史を持つ大都市の歴史性・文化性を回復
②環境に配慮し、人間志向の都市空間を創造
③清渓川を上から圧迫している覆蓋および高架道路の構造面での安全問題への抜本的な取り組み（すなわち撤去）
④中心部のビジネス地区の再活性化により、ソウルを国際金融およびビジネスの中心基軸に変革

表1-2 台湾・高雄の愛河からの都市再生における目標

①きれいな水と生きた生態系
②安全で信頼できる洪水制御システム
③水にアクセスできる空間とレクリエーション利用
④流域の文化的な産業
⑤持続可能な生活、生産、生態系の発展における市民参加

●川を都市の空間として生かす必須の装置、リバー・ウォーク

　川を都市の空間として生かす必須の装置としてリバー・ウォークがある。リバー・ウォークは、人々を川に近づけ、利用を促進させる。さらにサイクリング・ロードや樹木が加わるとよい。リバー・ウォークは川という社会インフラ

写真1-27 川の中のリバー・ウォークその1 ソウルの清渓川

写真1-28　川の中のリバー・ウォークその2
　　　　　パリのセーヌ川

写真1-29　川の中のリバー・ウォークその3
　　　　　ローマのテヴェレ川

写真1-30　川の中のリバー・ウォークその4　フランクフルトのマイン川

写真1-31　川の中のリバー・ウォークその5
　　　　　東京の隅田川

写真1-32　川の中のリバー・ウォークその6
　　　　　京都の鴨川

の必須の装置であり、それにより川は、都市の空間として、また健康、福祉、教育の場として生かされる[3)〜6),8)〜11)]。

　そのリバー・ウォークの代表的な事例を**写真1-27〜1-37**に例示した。

写真 1-33　河畔のリバー・ウォークその1　徳島の新町川
写真 1-34　河畔のリバー・ウォークその2　北海道・恵庭の茂漁川

写真 1-35　河畔のリバー・ウォークその3　高雄の愛河 
写真 1-36　河畔のリバー・ウォークその4　シンガポールのシンガポール川

写真 1-37　湾岸のハーバー・ウォーク　ボストン

●望まれる舟運の再興

　都市の川の必須の装置には、リバー・ウォークとともに、舟運がある。舟運のある都市とない都市では、川と都市との関係が大きく異なる[12]。

　水辺の都市として知られるパリのセーヌ川、ロンドンのテームズ川、プラハのヴルタヴァ川、ケルンおよびデュッセルドルフのライン川、バンコクのチャオプラヤ川、高雄の愛河、北京の転河（高梁河）、東京の隅田川、大阪の大川、徳島の新町川などには、都市と川とを結びつける舟運がある（写真 1-38 〜 1-47）。

写真 1-38　パリのセーヌ川の舟運

写真 1-39　ロンドンのテームズ川の舟運

写真 1-40　プラハのヴルタヴァ川の舟運

写真1-41　ケルン、デュッセルドルフのライン川の舟運（左：ケルン、右：デュッセルドルフ）

写真1-42　バンコクのチャオプラヤ川の舟運

写真1-43　高雄の愛河の舟運　　写真1-44　北京の転河（高梁河）の舟運

写真1-45　東京の隅田川の舟運

写真1-46　大阪の大川の舟運

写真1-47　徳島の新町川の舟運

●川の再自然化、生態系の再生

　都市の川において、自然を再生することはテーマの一つである。日本の都市の川の多くでは、魚などの水生生物が棲めないまでに環境が悪化した時期があった。それはライン川、マージ川、テームズ川、セーヌ川、隅田川、愛河、シンガポール川などでも同様で、その後、水質の浄化・改善とともに水生生物が再生した（**写真1-48、1-49**）。日本の多摩川や神田川などでも、川の水質の改善とともに、埋立地にアユの稚魚の生育に必要な人工海浜が形成されたこともあり、河川にアユが回帰している。

　今後、魚の遡上・降下を可能とすべく堰などの障害の改善、河畔の再自然化も検討されてよい。

写真1-48 マージ川における魚の回帰

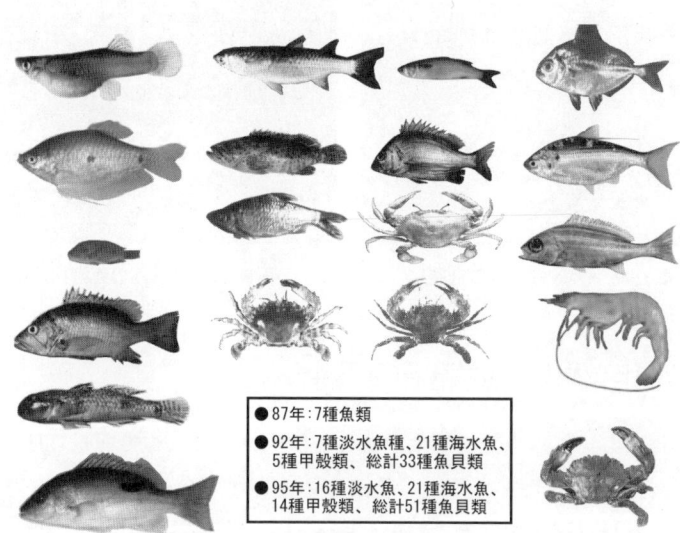

●87年:7種魚類
●92年:7種淡水魚種、21種海水魚、5種甲殻類、総計33種魚貝類
●95年:16種淡水魚、21種海水魚、14種甲殻類、総計51種魚貝類

写真1-49 愛河における魚の回帰（高雄市政府資料より作成）

●川や運河、湾岸からの都市再生の東京モデル

　川や運河からの都市再生は、湾岸の埋立地も含め、より広範囲に検討されて

よい。埋立地には、多くの河川が流入しているので、湾岸の都市再生は、川からの都市再生の延長上にある。その代表的な事例が、ボストン湾岸のハーバー・ウォークの整備と荷役施設や倉庫の住宅への転用といった沿岸の土地利用の転換である。

　東京ベイエリアの再生においても、流入する河川や運河などを生かして進められるとよい。埋立地に存在する多くの河川や水路を多自然化するとともにリバー・ウォークを設け、埋立地内にある海に至る公的な通路とその先端での海の一里塚の整備などによる水と緑のネットワーク化が検討されてよい。それには、行政、企業、市民の連携による実践が求められる。

　千葉県区域を中心として東京ベイエリアの状況を図1-7、1-8、表1-3に示す。

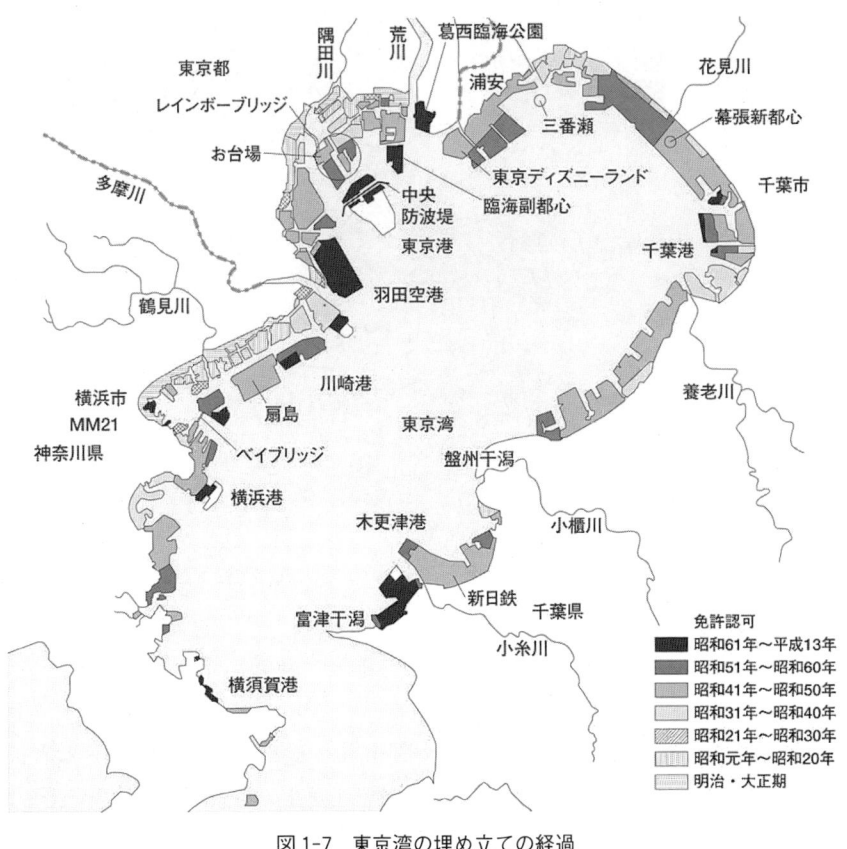

図1-7　東京湾の埋め立ての経過

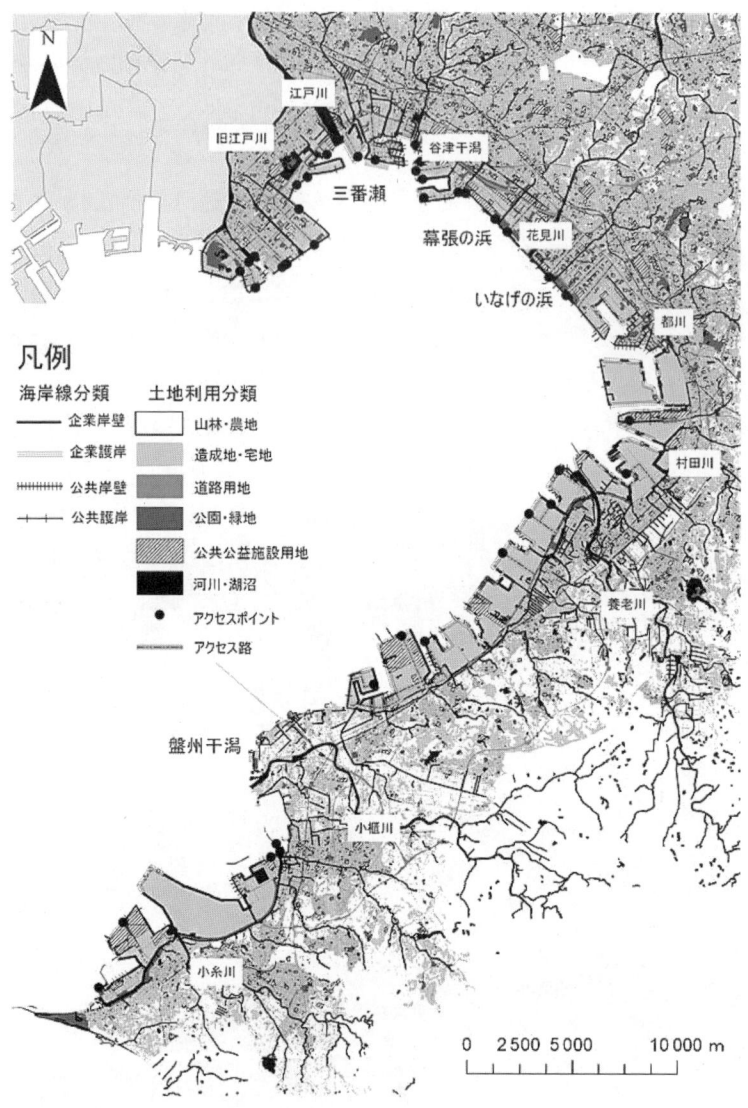

図 1-8　東京湾千葉県側の状況
（護岸・岸壁、河川・水路、アクセス路〈海に至る公道〉、土地利用状況）

　この東京ベイエリアの再生と川からの都市再生を融合させ、川や湾岸などに着目した都市再生が進められてよい。それは都市再生の東京モデルともいえる。

表 1-3　東京ベイエリアの再生モデル
(千葉県側のモデル)

①水のネットワークの形成・創造
　■河川・水路網(縦水路を含む)の再生・開放
　■多自然水路化と緑化、リバー・ウォークの整備
②湾岸の開放
　■公共の護岸区域、海浜公園・臨海公園緑地などにおける
　　ハーバー・ウォークの整備と湾域の開放
③埋立地においても部分的に開放
　■埋立地にある公有通路(アクセス路)の海との接点に海の
　　一里塚を整備
　■海へのアクセス・開放、生態系の島の造成
④埋立地における民有地での海辺の開放の模索
　■アクセス路の開放、海の一里塚・公園の整備による開放

●本書で紹介する世界の事例

　これまでに述べてきたように、これからの時代の都市再生は、道路をつくって都市を再生する時代ではなく、都市に存在する川や運河、水路などや緑(緑地)を生かして再生する時代である。それは、自然と共生する都市への再生で

表 1-4　本書で紹介する川からの都市再生の事例

分類	流域名
日本の事例	東京・隅田川
	北九州・紫川
	大阪・道頓堀川、大川
	名古屋・堀川
	徳島・新町川
	恵庭・茂漁川、漁川
欧米の事例	ボストン・チャールズ川、ボストン湾
	マンチェスター・マージ川、運河
	テキサス・サンアントニオ川
	ロンドン・テムーズ川
	パリ・セーヌ川
	ケルン、デュッセルドルフ・ライン川
アジアの事例	シンガポール・シンガポール川
	ソウル・清渓川
	高雄・愛河
	上海・黄浦江、蘇州河
	北京・転河ほか
	バンコク・チャオプラヤ川と運河

もあり、経済の再興などにも資するものである。

本書では、そのような川からの都市再生の世界を代表する事例を紹介する（**表1-4**）。事例は、欧米の都市と川、アジアの都市と川、そして日本の都市と川を取り上げた。

事例の紹介にあたっては、できる限り写真などを用いてビジュアルに紹介するよう努めた。

〈参考文献〉
1) 石川幹子・岸由二・吉川勝秀編著：『流域圏プランニングの時代』、技報堂出版、2005
2) 石川幹子：『都市と緑地』、岩波書店、2001
3) 吉川勝秀：『流域都市論―自然と共生する流域圏・都市の再生―』、鹿島出版会、2008
4) 吉川勝秀：『河川流域環境学― 21世紀の河川工学―』、技報堂出版、2005
5) 吉川勝秀：『人・川・大地と環境―自然と共生する流域圏・都市―』、技報堂出版、2004
6) 吉川勝秀編著：『多自然型川づくりを越えて』、学芸出版社、2007
7) リバーフロント整備センター（吉川勝秀編著）：『川からの都市再生』、技報堂出版、2005
8) 吉川勝秀編著：『川のユニバーサルデザイン―社会を癒す川づくり―』、山海堂、2005
9) 吉川勝秀他（川での福祉と教育研究会）編著：『水辺の元気づくり』、理工図書、2002
10) 吉川勝秀編著：『市民工学としてのユニバーサルデザイン』、理工図書、2001
11) 吉川勝秀他編著：『川で実践する　福祉・医療・教育』、学芸出版社、2004
12) 三浦裕二・陣内秀信・吉川勝秀編著：『舟運都市―水辺からの都市再生―』、鹿島出版会、2008
13) 越沢明：『東京都市計画物語』、日本経済評論社、1991
14) 下河辺淳：『戦後の国土計画への証言』、日本経済評論社、1994
15) 吉川勝秀：「世界の河川流域での国際連携の事例」、『地域連携がまち・くにを変える』（田中栄治・谷口博昭編著）、小学館、pp.132-141、1998

第2章

日本の事例

日本では、第二次世界大戦後の高度経済成長に伴う都市化により河川環境が急激に悪化した。近年、そのような河川とその沿川の市街地の再生が各地で進められている。ここでは大都市の例として、東京の隅田川、大阪の道頓堀川および大川、北九州の紫川、名古屋の堀川を、中規模都市・地方都市の例として、徳島の新町川、北海道恵庭の茂漁川および漁川を取り上げる。

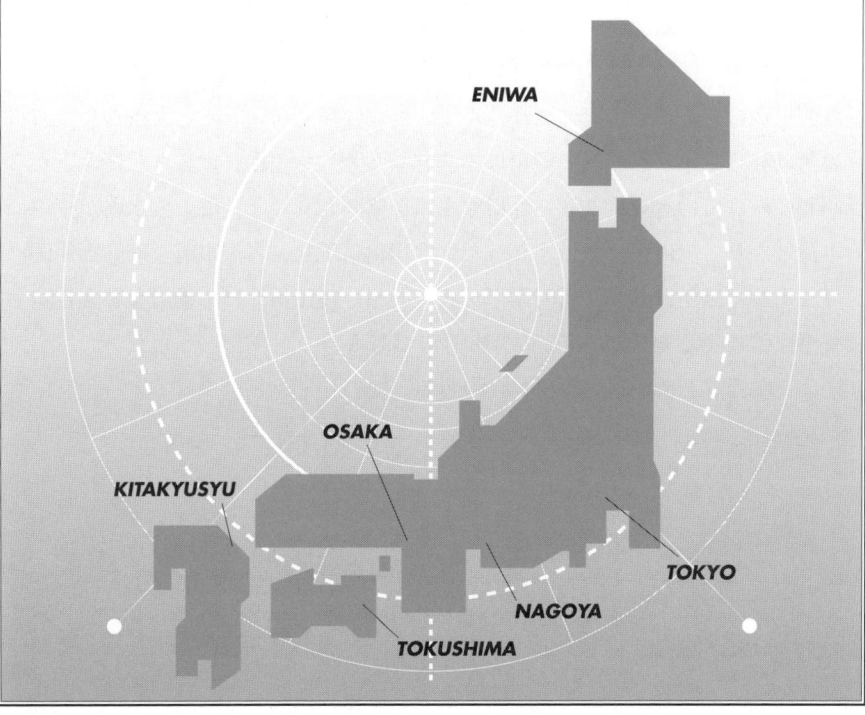

1 東京・隅田川

●百万都市を支えた舟運

 東京の北東部を流れる隅田川は、この大都市のシンボルともいえる川である。隅田川は、かつて大川とも呼ばれ、徳川家康が江戸に入城した1590(天正18)年から平成となった今日まで、東京下町の生活文化、都市環境、交通環境、観光資源などの根幹であり、東京の母なる川として都市生活に利用されてきた(写真2-1)。

 隅田川は、奥秩父の甲武信岳を源流とする荒川の下流部にあたる。もともとは利根川の一部であり、江戸時代以前には利根川、渡良瀬川などの関東の主だった河川が合流して東京湾に流れ込んでいた。江戸時代に入ると大掛かりな河川の付け替え工事が行われて荒川の本流になった[1]〜[4] (図2-1)。さらに大正から昭和にかけて治水対策として荒川放水路が開削されると、この放水路が荒川の本流となり、隅田川は派川となった。隅田川は現在、岩淵水門(東京都北区)で荒川放水路と分岐し、新河岸川、石神井川、神田川、日本橋川などを合わせて東京湾に至る全長23.5kmの都市河川である。

写真2-1　隅田川周辺の風景の変貌。(左：約100年前〈明治初期〉の向島、右：現在)

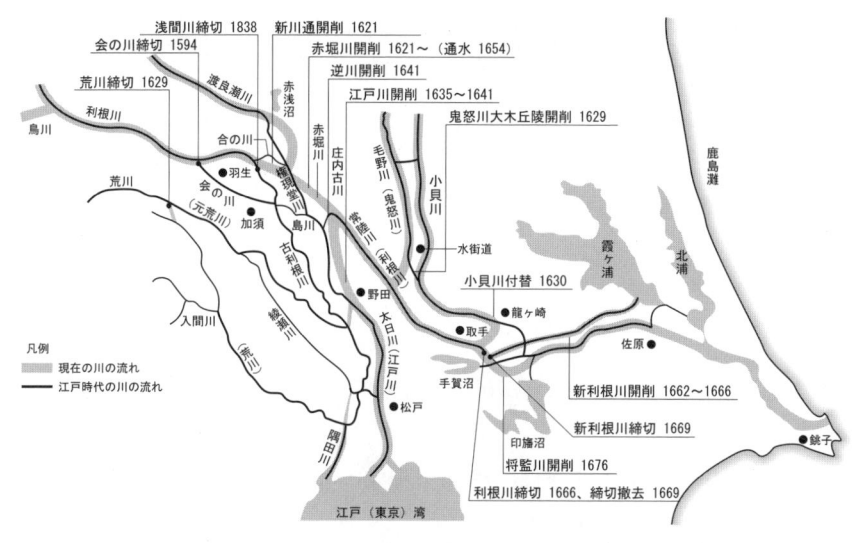

図2-1　荒川水系・利根川水系の変遷[1]

　徳川幕府のお膝元だった江戸では、防備上の理由から架橋が制限されていた。そのため、隅田川においても架けられた橋は、街道と通じる吾妻橋、両国橋、新大橋、永代橋、千住大橋の5カ所のみで、千住大橋から下流では「駒形の渡し」や「勝鬨の渡し」をはじめとする多くの渡しが対岸と行き来する手段となっていた。

　また、江戸時代には隅田川を中心として運河網が張り巡らされ、各地から物資を運ぶ舟運が発達した[5]（図2-2）。なかでも荒川・隅田川は秩父地方の良材（西川材）を運ぶ「木の道」として、徳川家康が開削した運河、小名木川は行徳（現在の千葉県市川市）から塩を運ぶ「塩の道」として江戸を支えた。当時の中川と隅田川を東西に一直線に結ぶ小名木川は、同時期に開削された新川を経

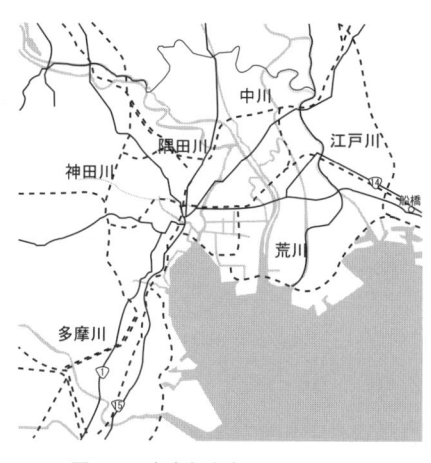

図2-2　東京都心部の河川・運河

1　東京・隅田川

写真 2-2　現在の小名木川

て江戸川、利根川と通じていたため、利根川水運の要であった（写真2-2）。小名木川と交わり南北に延びる運河も整備され、その河岸には大名の蔵屋敷や木場が置かれた。また、日本橋川は江戸末期の天保の改革（1841〈天保12〉年）まで将軍御成の水の道であり、街道の起点であった日本橋周辺は活気にあふれる河岸が連なる江戸経済の中心地として機能し、その繁栄は明治以降も続いた（図2-3）。

　なお、江戸の人口は享保年間（1716～36年）には100万人を突破し、江戸は世界にも類をみない巨大都市となっていた。当時、江戸市中の住民の排泄物は下肥として高値で取引されており、葛西船と呼ばれた下肥運搬船で近郊の農村へと運ばれ、帰り船では薪炭や農作物が江戸に入るという資源の循環が行われていた。同時期のロンドンやパリで屎尿の処理に苦労していたことと比べると、江戸ではリサイクル社会が成り立っていたことになる。舟運は、この百万都市の動脈、静脈として重要な役割を担っていた。

　幕末～明治時代になると蒸気船の登場により、舟運は人とモノの輸送を担い、隅田川には客船や貨物船がにぎやかに行き交った。鉄道の整備が進むにつれて利根川や江戸川の舟運は衰退の一途をたどるが、隅田川では工業が発展した墨東地区（隅田川左岸の墨田区、江東区周辺）と鉄道駅とを連結する交通体系に舟運が組み込まれるようになり、両国や南千住に物流のためのドックが整備され、鉄道とリンクした貨物輸送が行われた（図2-4）。しかし、その隅田川も鉄道や道路に物流の主役の座を明け渡すことになる。

　現在の隅田川は、花火と屋形船、さらに水上バスや小型タンカー、休日にはプレジャーボートもみられ、徐々ににぎわいがでてきている（写真2-3）。2005（平成17）年に荒川と旧中川の合流点に荒川ロックゲートが完成した（写真2-4）。この閘門により、荒川～旧中川～小名木川～隅田川の航行が可能となり、東京の水路利用が促進されることが期待されている。

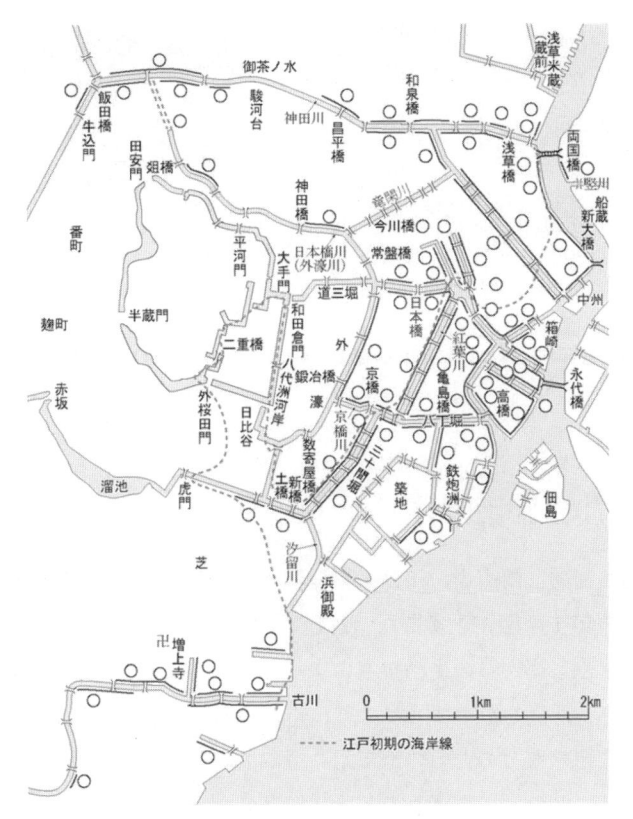

図2-3 日本橋周辺の明治初期の河岸地（林英夫編『川がつくった江戸』〈1990〉より作成）

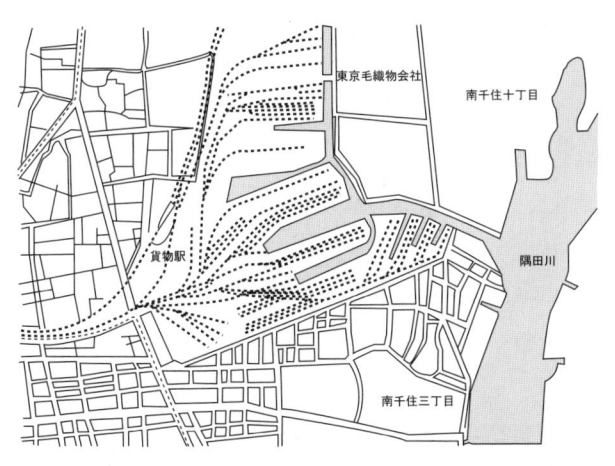

図2-4 1907（明治40）年の南千住駅とドック（江戸東京博物館資料より作成）

1 東京・隅田川

写真 2-3　現在の隅田川には屋形船や水上バスが航行し、徐々ににぎわいがでてきている

写真 2-4　2005（平成 17）年 10 月に完成した荒川ロックゲート

●死の川から都市のオアシスに

　大正〜昭和初期、隅田川沿川は工業地帯として発展した。首都圏の人口が急激に増加し（第 1 章図 1-1 参照）、戦後の高度経済成長期には工場や事業所からの工場排水や家庭からの生活排水によって隅田川は著しく汚染された。水はどす黒く濁り、悪臭を放つようになり、市民は川に背を向けるようになった。

　また、工業用水などのための地下水の汲み上げや天然ガスの採取により、地盤沈下が広域にわたって進行した。特に江東ゼロメートル地域などはその傾向が顕著にみられた。そのため、この地域では洪水や高潮による水害への対策が必要となり、1959（昭和 34）年の伊勢湾台風後、コンクリートの切り立った高潮堤防（パラペット堤防）が急ピッチで建設された。後述の大阪とは異なり、東京では河口に防潮水門を設けて高潮災害を防ぐ方式は選択しなかったため、その堤防は高いものとなり、まちと川とが分断された（写真 2-5）。

　水質については、工場や事業所からの排水の水質規制、工場の転出や廃止、利根川からの浄化用水の導入、下水道の整備などにより改善されてきた。それとともに、隅田川では観光舟運も再開され、徐々に貴重な都市空間としてよみがえってきた。そして、高潮堤防の耐震補強も兼ねて、堤防の緩傾斜化とその前面の河畔へのリバー・ウォークの整備が始められた（写真 2-6）。これは、荒川放水路の整備などにより治水の安全度が増したことにより可能になったものである。また、河畔の工場跡地などの再開発に合わせて、幅の広い盛土の堤

写真 2-5 まちと川とを分断している高潮堤防　写真 2-6 河畔に設けられたリバー・ウォーク

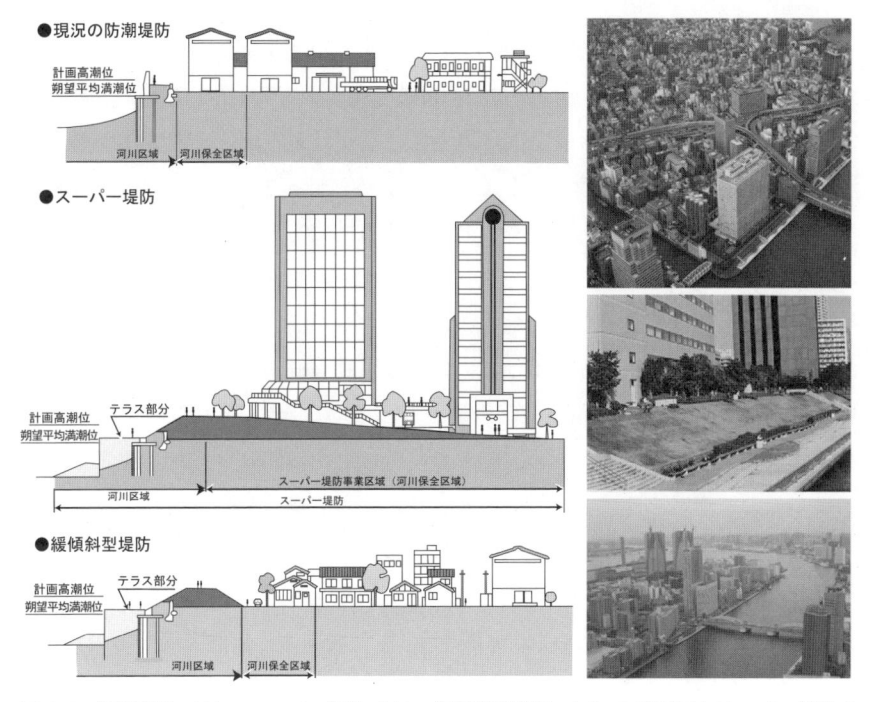

図 2-5 防潮堤防（上）、スーパー堤防（中）、緩傾斜型堤防（下）の断面図とスーパー堤防の現況風景（東京都資料より作成）

防を設け、その上はビルや公園などに利用するというスーパー堤防（高規格堤防）の整備が行われるようになった（図 2-5）。

　このような川の再整備と河畔の再生は、1990（平成 2）年ごろまでのいわゆる経済のバブル成長が、土地利用の転換と川を整備する東京都などの自治体

1　東京・隅田川

の税収の確保という面で追い風になったといえる。また、日本社会は安定期に入り、都市の暮らしに潤いや安らぎが求められる時代となったことや、環境保全の意識が人々の間に徐々に浸透してきたことが、河川整備に反映されたともいえよう。このようにして、一度死んだ隅田川は息を吹き返し、都市の貴重な自然空間として川はまちに開けたものとなり、人々は再び水辺に戻ってきた。隅田川は、日本はもとよりアジアの大都市のなかでも、最も早い時期に河川が汚染され、再生された最初の事例であるといえる。

●都市の水辺空間の喪失

この100年の間に、東京首都圏の人口は、約700万人から約5倍の3400万人に増加し、それに伴い首都圏の市街地は著しく拡大した（第1章図1-1参照）。100年前の市街地は都心の隅田川周辺であったが、現在は、北東方向は荒川放水路を越えて、江戸川周辺はもとより千葉まで広がっている。また南西方向は多摩川を越えて横浜まで広がりをみせ、内陸方向にも市街地化の波が及んでいる。特に、1970（昭和45）年ごろからの高度経済成長期から1990（平成2）年の経済のバブル期までの市街地化の進展は著しい。

この首都圏の人口増加と市街地拡大により道路整備が必要となり、汚染が進んだ河川や運河などの水路が道路用地となっていった[1]。それらの水路は、蓋をされて暗渠となったり、埋め立てられてその上が道路になった。運河を締め切ってそこに道路を建設した例もある。また、日本橋川や隅田川、渋谷川下流の古川のように、河川や運河は残っているものの、その上空や河畔に高架道路が延びている例もある（**写真2-7**）。これらと同時期に、遠浅の東京湾の内湾沿岸のほぼ全域が埋め立てられ、海浜や干潟、藻場などの自然環境が消失した。水際は直立の護岸や岸壁となり、湾岸の埋立地の多くは企業用地であるため、市民の海へのアクセスも不可能となった。

このように、河川や湾岸の水辺空間を不要なものとみなして、陸からの発想で都市整備を進めてきたのが20世紀型の都市のあり方であった。しかし、これからの時代、自然と共生する都市・流域圏の再生がテーマとなる。20世紀の負の遺産を解消しつつ、都市の中の貴重な自然空間である川を核とした都市再生、都市内における川と道路との関係の再構築などが求められるようになっ

写真 2-7　東京オリンピックを前に、日本橋上空は高速道路に覆われた

てきたのである。

●都市に残された水と緑の空間

　東京首都圏の水と緑の現状をみると、前述のように河川や湾岸の自然環境は失われたところが多いが、都心部では皇居や上野公園、新宿御苑、代々木公園（明治神宮の森）など、比較的まとまった緑地が残されている。東京首都圏の都市形成にあたっては、大正末期の関東大震災後の帝都復興計画（1923〈大正12〉年）、戦前の昭和期の東京緑地計画（1939〈昭和14〉年、図 2-6）、戦中の東京防空計画（1943〈昭和18〉年）、戦後の戦災復興計画（1945〈昭和20〉年）という都市計画構想があり、それらの計画によって残された緑地もある。

　大正末期の帝都復興計画は、アメリカで19世紀後半から始まったパークシステム（第3章「1 ボストン・チャールズ川とボストン湾」参照）など、当時の欧米の都市計画に影響を受けたものともいえる。この計画は、広幅員道路や河川、公園といった延焼遮断帯を整備することで都市の安全を確保しようとしたものであった。この計画に基づいて都心部の街路網の整備が行われ、今日の都市基盤が形成された。隅田川の河畔にある隅田公園もこの計画によりつくられたものである。河川の緑地に関しては、東京緑地計画で示された歩道と樹木のある保健道路の構想があった（図 2-7）。

　戦前の東京緑地計画は、東京100km圏の広域を対象として策定されたもの

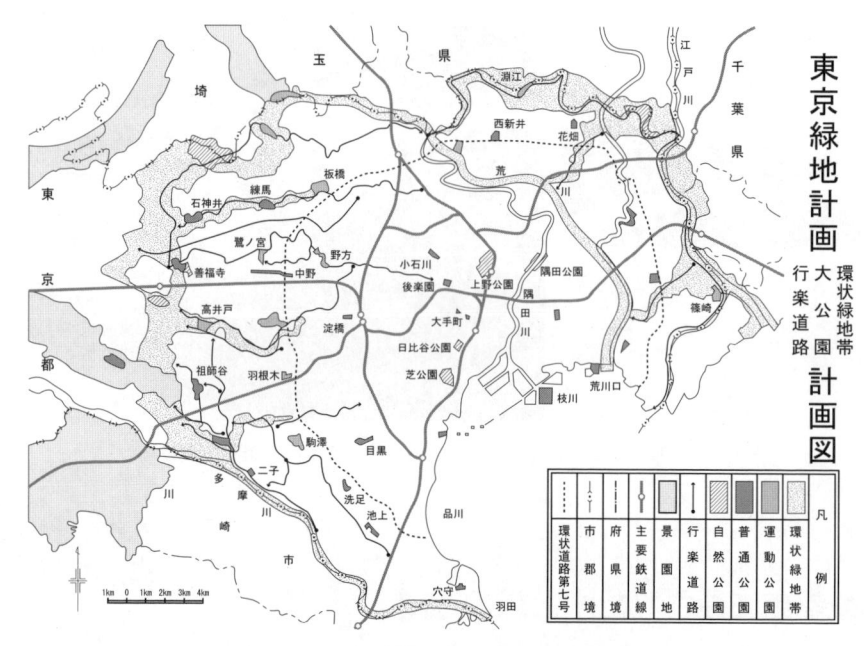

図 2-6　1939（昭和 14）年の東京緑地計画

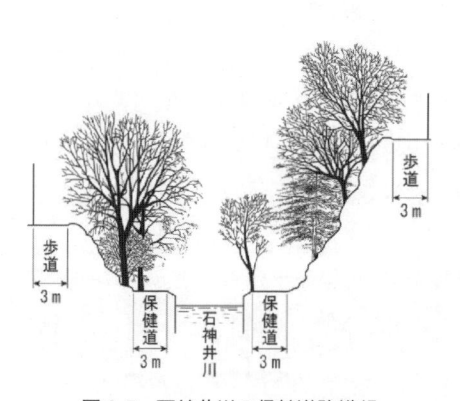

図 2-7　石神井川の保健道路構想

で、太平洋戦争中は東京防空計画として引き継がれた。これらの計画で確保された広域緑地は、その後の農地解放により民間に払い下げられ、その多くが消失したが、世田谷区の砧公園や葛飾区の水元公園など、大規模な公園として残されたものもある[1),6),7)]。

戦後の戦災復興計画も、戦前の構想をほぼ踏襲するもので、1945（昭和 20）年 12 月 30 日の政府閣議決定による「戦災地復興計画基本方針」で土地利用、街路、公園の基本方針を示し、全国各地の主要都市に広幅員道路と緑地を設けることを計画した。しかしこの計画は、東京ではほとんど実現しなかった。また、戦前の東京緑地計画の思想は、1958（昭和 33）年の第一次首

都圏整備計画において首都圏を取り巻くグリーンベルト計画として位置づけられた。しかし、高度経済成長期に向かわんとする時代のさなか、圧倒的な都市化の圧力と土地制度のもとで、対象となる自治体や地権者の反対によりこの計画は廃止された。そしてそれ以降の都市計画の手段としては、都市計画法に基づく市街化区域・市街化調整区域の線引き制度と、優良な農地を保全・振興する農業の振興に関する法律（通称「農振法」）が成立し、それらにより都市化の誘導・規制がなされることとなった[1]。結果的には、その運用において都市化を進める方向にあった都市計画法よりも、むしろ農振法の方が都市化を抑制し、水田などの緑を残すことに寄与したように思われる。

●今ある川をいかに生かすか

以上みてきたように、東京首都圏では戦前から水と緑をネットワーク化する構想があったものの、高度経済成長期の急激な都市化のなかで多くの緑地や河川・水路が失われた。

それでも現在、東京東部では隅田川、荒川、中川、綾瀬川、小名木川など、東京西部の丘陵地では神田川、渋谷川・古川、目黒川、呑川など、都市の骨格となる河川や水路は残されている（**写真2-8**）。また、消失した河川・水路でも、地下化した河川の上をせせらぎのある緑道とした目黒川上流の北沢川緑道や、東部の小松川・境川緑道などの例もある（第1章**写真1-7、1-8**参照）。このような河川・水路の復元も視野に入れると、現在は暗渠化された河川や水路についても将来的には環境インフラとして再生することは可能であろう。

写真2-8　往時の面影はないにせよ、水路として残されている渋谷川（左）、呑川（右）

写真 2-9　日本橋（橋上）の現況

写真 2-10　日本橋川の現況

　また、葛西海浜公園や幕張・稲毛海浜公園など、一部の湾岸では砂浜の再生が行われており、これらも含めた水辺の再生が期待される。

　戦後の高度経済成長とともに発達したモータリゼーションの隆盛のなかで、多くの河川や水路が犠牲になったことは先にも触れたが、その象徴ともいえるのが日本橋の架かる日本橋川であろう（写真 2-9、2-10）。日本橋界隈は江戸・東京、ひいては日本の経済の中枢を担った場所であり、東海道をはじめとする五街道の起点ともなった。1911（明治 44）年に架け替えられたルネサンス様式のアーチ石橋の中央には、日本国道路元標が埋め込まれている。

　日本橋川の上空に高架高速道路（首都高速道路）が建設され、この橋や川面が陽の目をみなくなったのは、1964（昭和 39）年の東京オリンピック開催前のことであった。そして、江戸発祥の日本橋川ですら道路用地になったのだか

写真 2-11　日本橋の現況（左）と高架道路撤去後のイメージ（右）

写真 2-12　日本橋川（左）や神田川（右）で行われているイベント

らということで、東京や横浜、大阪などのほかの河川の上にも道路が建設されるようになった。

　近年、日本橋川上空の高速道路の移設・撤去の議論が、行政的な検討や政治的な発言もあって本格化しつつある（**写真 2-11**）。しかし、現在行われている議論は、高架道路の一部区間の地下化が議論の中心であり、本来あるべき川の再生と都市の再生の議論が不十分である[1]。いつになるかわからない道路撤去を前提としないで、川の中のリバー・ウォークの整備や緑化、舟運の振興、水質浄化、周辺市街地の再開発の検討などを順次進め、今ある日本橋川をいかに生かすかを考えるべきであろう（**写真 2-12**）。

●特徴と展望

　かつて大川と呼ばれた隅田川は、江戸および東京の物流の動脈となり、またその周辺は経済・文化の中心地となっていた。

　江戸時代以前は利根川、渡良瀬川、荒川の下流流路であった。江戸初期に利根川と渡良瀬川が東の鬼怒川・小貝川の流路に付け替えられた後は、荒川と現在の中川・綾瀬川（古利根川、元荒川など）の下流流路となり、洪水が軽減された。さらに、1910（明治43）年の利根川の氾濫水が東京を襲った後に、隅田川の放水路が建設された。その放水路が現在の荒川下流河川となっている。これにより、東京の水害は大幅に軽減されることになり、東京発展の基盤ができた。

　そして、近年は荒川の洪水が隅田川に流入しないようになったことから、川の中にリバー・ウォークが建設できるようになった。

　また、東京の工業化（東京の産業革命）、都市化に伴い、地下水の汲み上げと天然ガスの採取により急激に地盤沈下が進行した。それによる河川の氾濫とともに高潮災害を防ぐために、1960（昭和35）年代から切り立ったコンクリートの高い堤防が急ピッチで整備され、まちと川とが分断された。後に述べる大阪の大川やロンドンのテームズ川では、河川の河口部付近や下流部に高潮災害を防ぐための防潮水門を設置したために、川には高い堤防が必要でなくなっている。これに対して東京は、川の両側の河川堤防で高潮災害を防ぐ方式を採用したため、高い堤防が必要となり、まちと川が分断された。

　高度経済成長期の工業化、都市化とともに、隅田川は水質の急激な悪化により、どす黒い水が流れ悪臭を放ついわゆる死んだ川となった。

　その後、利根川から荒川を経由した浄化用水の導入、工場からの排水水質の規制、工場の郊外移転や廃止、下水道の整備などにより河川水質も改善され、隅田川の花火が復活し、東京都観光による観光舟運も復活した。

　そして、1980（昭和55）年代になると大川（隅田川）とその周辺の都市域である大川端の再生構想が立案され、実行に移された。行政は耐震補強を兼ねて、切り立ったコンクリートの堤防を緩い傾斜の土の堤防とする、あるいは上部をビルなどに利用できる幅の広い土の堤防（スーパー堤防）とするとともに、

川の中にリバー・ウォークを整備することとした。そして、沿川の工業用地などの再開発と一体的にスーパー堤防を整備することとして、民間と行政でその事業を推進した。

　この時期は、バブル景気の時代であり、地価の高騰とともに都市の更新（再開発）が急激に進み、かつ東京都の税収も豊かで河川整備への投資が集中的に行われた。これにより、川も沿川の都市も大きく変わった。

　隅田川とその河畔の再生は、行政が水質浄化、堤防の緩傾斜化やスーパー堤防化、川の中のリバー・ウォークの整備を行うことで都市の空間インフラとしての河川を整備し、民間（企業）の再開発と連携して都市空間を整備して、その空間を市民が利用するという形での都市再生である。

　このようにして、江戸および戦前の東京の市民生活と密着した隅田川（大川）は再び東京を代表する空間となった。

　隅田川は、アジアで最も早く河川およびその周辺環境が悪化し、そして最も早く再生された川である。そこで行われた河川の再生に係る対応や、周辺の土地の再開発と連動した河川空間の整備、さらには人々と川との関係を再構築する装置としての河川舟運の復活などは、ほかの河川と都市においても参考とされてよいであろう。

　隅田川では、2010（平成22）年に「水の都東京」の催しが企画されつつある。2010年は、東京の基盤を形成した荒川放水路の整備のきっかけとなった1910（明治43）年の利根川の氾濫（この洪水は元の利根川の流路があった埼玉平野を流れ下り、東京に大水害をもたらした）から100年に当たる。そして、それに先立つ利根川の東遷事業が利根川やその受け入れ先である鬼怒川・小貝川で始められてから約400年経つ。

　この隅田川に流入する神田川や日本橋川では、川と道路の関係の再構築（川の上空を覆う道路の撤去）とともに、川の再生、川からの都市再生が進められようとしている。

2 北九州・紫川

●日本の産業革命発祥のまちを流れる川

　福岡県北九州市は、福岡市に次ぐ九州第二の都市である。1963（昭和38）年に門司、小倉、戸畑、八幡、若松の5市が合併して政令指定都市となった。旧5市は5区に変わったが、1974（昭和49）年に小倉区が小倉北区と小倉南区に、八幡区が八幡東区と八幡西区に分かれて7区となった。現在の人口は約100万人である。

　紫川は、小倉南区から小倉北区に流れる流路延長20km、流域面積101km^{2}の河川である（図2-8）。源流は、北九州国定公園内にある標高900mの福智山で、北流して下関を望む響灘に注ぐ。上流部には北九州市民の水瓶である鱒淵(ますぶち)ダムがあり、下流部は日本屈指の重化学工業地帯である。かつて小倉は城下町で、城下を東西に分けていたのが紫川だった。

　紫川河口の北西部に位置する洞海湾一帯は、1901（明治34）年に操業を開始した八幡製鉄所のお膝元であり、日本の産業革命発祥の地ともいえる地域である。第二次世界大戦後のさらなる重化学工業の発展に伴い、大気汚染や水質悪化が進み、洞海湾は大腸菌も棲めず、船のスクリューも溶けるほどに汚染された時期もあった（写真2-13）。その後、企業や自治体の努力により、今日では水質が改善され、海の生態系も復元している。

　洞海湾の環境汚染が激しかったころは、同じ湾域に流入する紫川の水質も汚染されていた。また、紫川流域は水害の多い地域で、1953（昭和28）年の梅雨前線による集中豪雨で多数の死者を出すなど幾度か水害に見舞われた（写真2-14）。さらに、紫川の両岸には戦後まもなく多数の不法建築物が川にせり出して建てられていたが、1968（昭和43）年から12年をかけてその移転事業を行っている（写真2-15）。

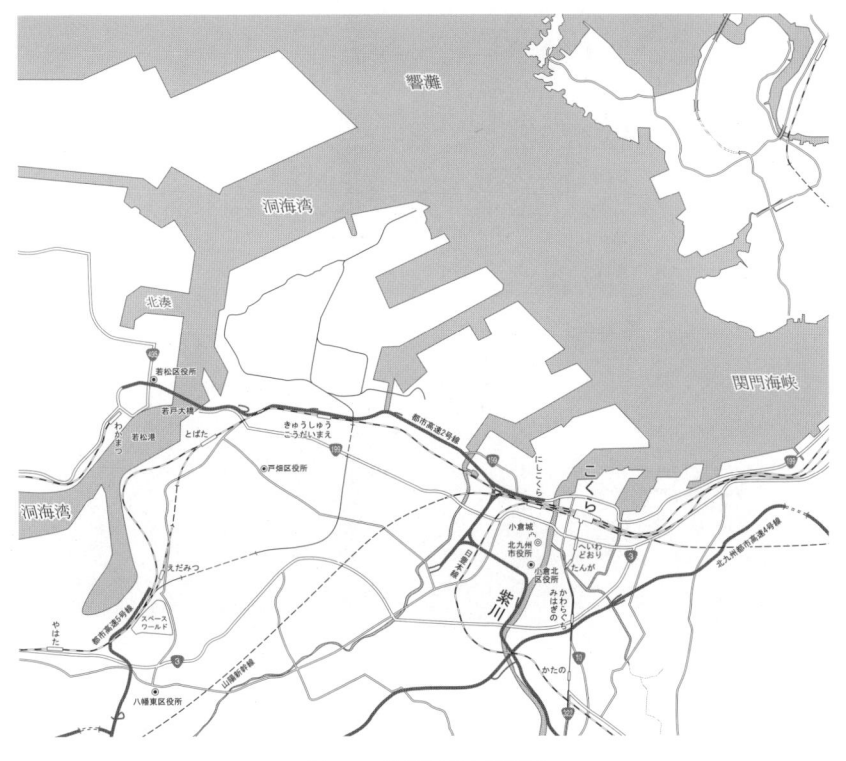

図 2-8　紫川周辺の概略図

写真 2-13　汚染された時代の北九州（左：大気汚染、右：洞海湾の水質汚染。北九州市資料）

2　北九州・紫川

写真 2-14　紫川の洪水時の様子（北九州市資料）

写真 2-15　汚染された時代の紫川。河畔に不法建築物がみられる（北九州市資料）

●川の再生と川からの都市再生

　北九州市では、水害対策を講じるとともに、斜陽化した重厚長大産業を中心とした都市から、製鉄業などによって培われたノウハウを生かした国際テクノロジー都市への脱皮を目指し、1988（昭和63）年に「北九州市ルネッサンス構想」を策定した。

　この構想では、小倉中心部を同市の都心と位置づけ、紫川のウォーター・フロントを生かして、川とまちとが一体化した良好な都市環境を創出し、川を基軸とする安全で潤いのある住みよい「水景都市」を形成すること、そして活力ある北九州都市圏の都心に再生することを目指している。

　その前年の1987（昭和62）年、建設省（当時）は、「良好な水辺空間を創出し、安全で潤いのあるまちづくり」をコンセプトとした「マイタウン・マイリバー整備事業」を創設した。この事業は、建設省内の4つの局（河川・都市・道路・住宅）の横断的な連携によって、河川改修だけでなく、道路・橋梁・公

園の都市基盤整備を同時に行い、併せて周辺の市街地と一体的にまちづくりを行おうとするもので、紫川は、1988（昭和63）年に隅田川（東京都）、堀川（名古屋市）とともに全国に先駆けて対象河川の指定を受けた。

　行政が主体となる河川や道路の整備事業などと、民間が中心となる市街地再開発事業などを一体的に推進していくため、民間投資の誘導などに相当の年月がかかることが予測されたが、紫川の同事業では、事業開始から14年という比較的短期間のうちに都市基盤整備が最終段階に入り、民間開発も精力的に進められた（図2-9）。

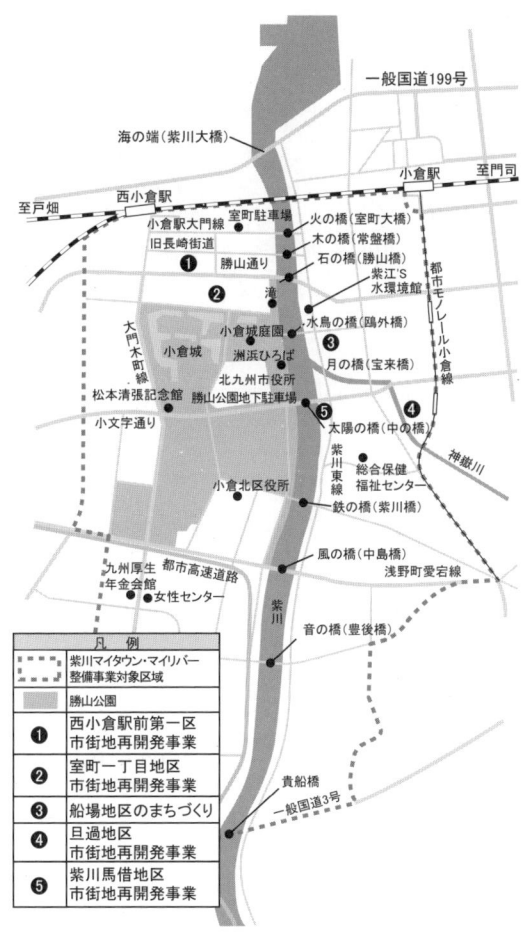

図2-9　紫川マイタウン・マイリバー整備事業エリア図
　　　（北九州市資料より作成）

2　北九州・紫川

写真 2-16　川へのアプローチが設けられた建物

　事業の着手にあたって北九州市では、従来の縦割り行政の垣根を取り払って、河川や道路、都市計画、建築、福祉などの各専門技術者による横断的な組織（紫川周辺開発室）を設置し、効率的かつ効果的な事業実施が図られた。
　このなかで紫川の治水対策としては、背の高い堤防の築造ではなく、河道の拡幅が選択された。この河川改修事業は、市街地再開発事業などと一体的に行うことで、用地の確保が容易となった。さらに、美しい河畔をオープンスペースとして活用すれば、集客力が高まり、まちの活性化につながると、民間事業者や地権者らが協力し、事業は急速に進展していった（写真 2-16）。

●水景都市の創出

　このようにして、これまで川に背を向けていた建物も、川に顔を向けるようになり、川とまちが一体感を持つ水辺空間が創造された。また、河道の拡幅に伴って架け替えられた 10 本の橋は、火を噴くオブジェのある「火の橋（室町大橋）」、ヒマワリのタイル絵を敷いた「太陽の橋（中の橋）」、鉄の風車のオブジェが回る「風の橋（中島橋）」といったように自然をテーマとした現代アートのような橋である。川を、まちを分断する阻害要因としてではなく、まちづくりの軸、あるいは、まちづくりの舞台として捉えたことで、河川、道路、市街地整備を連動させることが可能となり、魅力的な水景を楽しめる都市の創出にもつながった（写真 2-17、2-18）。
　さらに紫川では、川からの都市再生の基本構想づくりの段階から広く市民のアイディアを募り、優秀なアイディアに技術的検討を加え、その大半を実現し

写真 2-17　整備箇所の俯瞰

写真 2-18　整備箇所の近影

た。例えば、中学生の「紫川海底水族館」というアイディアは、川に面した壁に魚や水生生物の観察のためのアクリル製の窓を設置した「水環境館」として実現した。河道拡幅に伴って移転したビルの地下部分は箱型護岸の一部として活用されており、水環境館はその内部につくられている。観察窓を通して、潮の干満により淡水と塩水が境界面をなす「塩水くさび」の様子が確認できるなど、環境学習の場として市民に利用されている。

　また、昭和40年代に沿川住民によって始められた紫川の浄化活動は、広く市民の共感を呼び、行政や企業も参加する全市的な浄化運動へと発展していった。下水道の普及もあり、紫川の水質は大幅に向上し、1985（昭和60）年には天然アユの遡上が確認されている。紫川をもっと水辺に親しめる川にしたいという市民の願いは、都心にあってカニや小魚と戯れたり潮の干満を肌で感じ取ることのできる「洲浜ひろば」や水質浄化機能を持った人工の滝、水生生物が生息しやすい空石積構造の自然石護岸などの整備、支流の城内川（小倉城の

堀）の水質保全など、よりよい水辺環境の創出につながった。

　このように紫川を中心とした都市整備にハード面、ソフト面ともに官民一体となって取り組んできた結果、水害に強く魅力的なまちづくりが進んだ。その成果は市の内外において高く評価されており（2001〈平成13〉年には土木学会技術賞を受賞）、観光客も大幅に増加した。

　かつて徹底的にダメージを受け市民の意識からも遠ざかっていた川が、都市のシンボルとしてよみがえり、都市そのものの再生にもつながった事例である。

●特徴と展望

　かつて小倉の城下町のシンボルであった紫川は、高度経済成長期にはごみの投棄や工業・家庭排水により汚染され、河畔には不法占用の建築物が建てられていた。そして、都市型の水害が頻発し、いわゆる死んだ川となり、都市の裏側の空間となった。

　その川の水質を改善し、治水整備とともに河川空間を再生することが1980（昭和55）年代中ごろから始められた。市長の強力なリーダーシップのもとで、沿川再開発への民間投資を見込んで行政による河川インフラの整備（河川護岸やリバー・ウォーク、橋梁の整備）とともに、それを上回る川と河畔の再生が進められた。河畔にはホテルや特徴のある建築物の立地などが進められた。同時期には、バリアフリー対策を組み込んだ小倉駅周辺の整備も行われている。

　この紫川と河畔の再生は、市長の強力なリーダーシップのもとに比較的短期間で広範囲にわたり、行政による河川インフラの整備と民間を中心とした都市開発が連動して進められたことに特徴がある。隅田川の場合と同様、河川というインフラ整備には、行政のリードと貢献が不可欠である。

　そして、再生された紫川と河畔では、民間の商業活動とともに、市民による川にちなんだイベントも行われるようになっている。

　日本の産業革命の発祥の地であり、八幡製鉄所などで知られる北九州は、工場排水により汚染された洞海湾を再生し、大気汚染を解消するとともに、紫川の再生と都市再生を進めてきた。北九州はそのような経過を経て、環境共生都市を標榜し、アジアの都市などに積極的に情報を発信している。

3 大阪・道頓堀川、大川

●天下の台所を支えた堀川

　大阪市街地は、淀川の沖積作用によってできた低平地にある。琵琶湖を水源とする淀川は、木津川、桂川を合わせて大阪市に入り、市北東部の淀川大堰・毛馬閘門で淀川放水路（淀川本流）と大川に分流する（図2-10）。1907（明治40）年に淀川放水路が開削されるまで淀川の本流だった大川は、市の中枢部の中之島（大阪市北区）を挟んで堂島川と土佐堀川に分かれ、その後、安治川、木津川（上記木津川とは別）、尻無川などとなって海に注いでいる（図2-11、写真2-19）。

　かつての大阪平野は淀川と大和川が乱流しており、『日本書紀』によると、流れが急であったところから浪速の国と名づけられたという。古くより水陸交通の要所であり、大陸文化の多くは瀬戸内海を通って難波津に伝えられ、全国に広まった。古代の一時期、この地には都が置かれたこともあり、中世には京の都への玄関口となったが、古来、大阪の発展には低地の排水と土地の嵩上げ

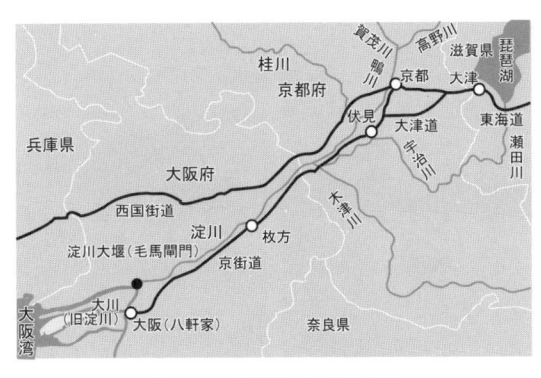

図2-10　淀川とその周辺図

による治水対策が不可欠であった。

　1583（天正11）年に大阪城を築いた豊臣秀吉は、築城に際し、外堀として東横堀川を開削した。その後、江戸時代の半ばごろまでに道頓堀川など11の堀川（運河）が開削され、そこには「浪速八百八橋」と呼ばれるほど多くの橋が架けられた。これらの橋で結ばれた道路と水路網が、商都大阪の流通システ

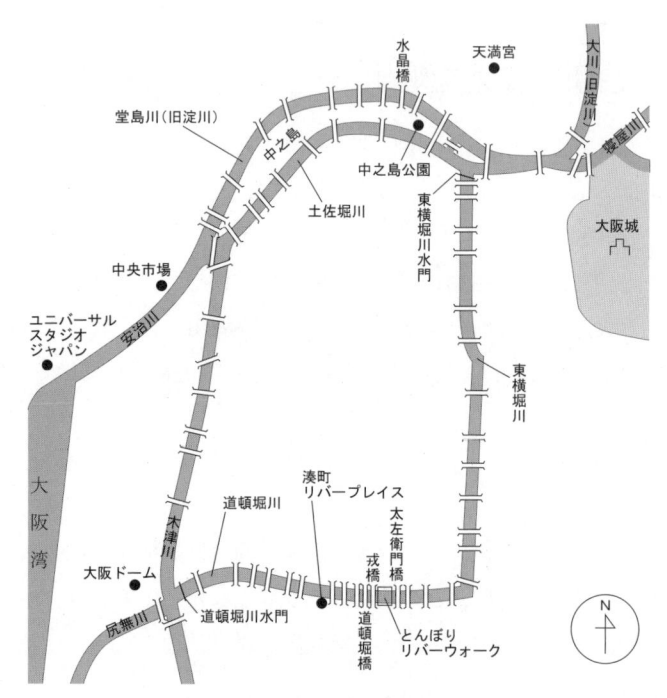

図2-11　大阪都心部の現在の水路

写真2-19　中之島を挟んで流れる土佐堀川（左）と堂島川（右）

ムの基盤となった。当時、江戸に比べて大阪への幕府の投資は少なく、堀川開削や架橋などのインフラ整備は、主に豪商らの民間資本によって行われている[5]。なお、大阪市中に流入していた大和川は、1704年に河道の付け替えが行われ、南方の堺付近から海へ注ぐようになった。

このようにして近世以降の大阪は、市中に縦横に張り巡らされた水路網を利用した舟運により商業都市として発展していった。堀川に沿って諸大名の蔵屋敷や商店、町家が形成されて「天下の台所」と呼ばれる全国の物資の集散地となった。江戸と同様、大阪の商人や町人は屋形船を仕立てて、川涼みや花見、月見など、大川での船遊びを楽しんだ。

特に商人たちが多く集まり、今なお問屋街として知られる船場は、その名のとおり、もともと船着場を語源としており、四方を土佐堀川、長堀川、東横堀川、西横堀川に囲まれたエリアである。船場界隈は、今日の大企業を多く輩出した地であるとともに、近松門左衛門の文学作品の舞台ともなり、上方の経済・文化の中心地であった。また、歓楽街として栄えた道頓堀川一帯は、今も活気ある繁華街である。

●堀川の埋め立てと水質浄化

近世の堀川は、舟運のみならず、下水道や水道用水としても使われていた。明治時代に入り、日本の社会経済システムが根本的に改変されると、大阪は旧来の問屋を核とした商業都市から商工都市への脱皮を図った。鉄道の開設とともに阪神工業地帯の中心地となり、明治30年代には、かつての「水の都」は「煙の都」と呼ばれるようになった。

そして第二次世界大戦が終わるころには、堀川の水質は極めて悪化していた。そのため堀川の多くは、戦災の瓦礫処理の場として埋め立てられ、そしてその後の下水道整備が進むにつれ埋め立てられ、道路敷地となった。堀川の埋め立ては、大阪南西部の海に近い方から進められ、西横堀川までのすべての堀川が埋め立てられて道路などに姿を変えていった（図2-12）。

江戸時代以降重要な水路であった西横堀川は、埋め立てられて市営駐車場となり、その上空は阪神高速道路の都心環状線が建設された。東横堀川の上空も高架高速道路に覆われたが、川は埋め立てられずに残っている（写真2-20）。

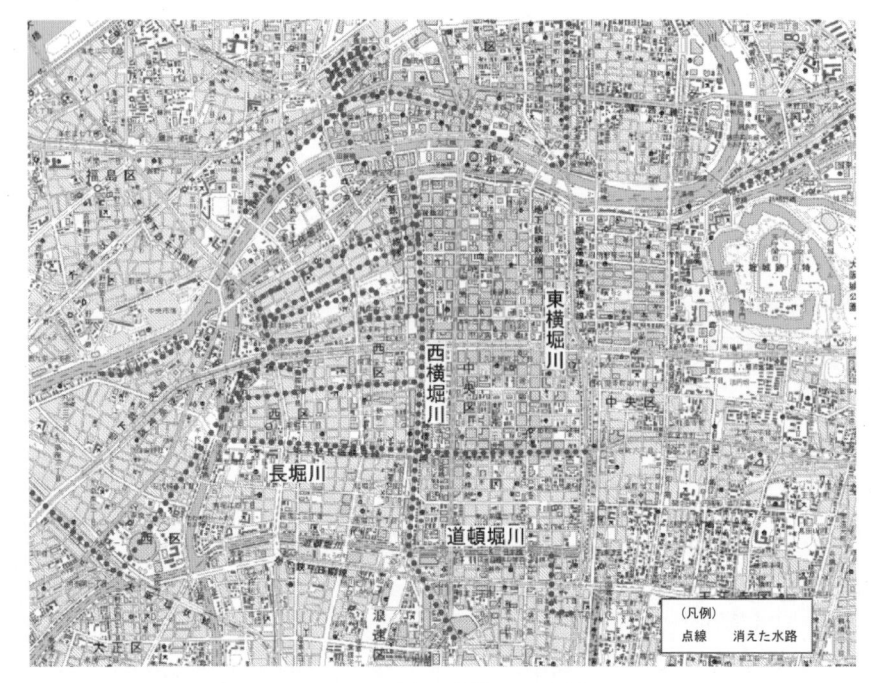

図 2-12　現在の大阪の川と道路

写真 2-20　高架高速道路が覆う東横堀川（左）と堂島川（右）

　東横堀川と西横堀川をつないでいた長堀川は、埋め立てられて道路となった。なお、旧淀川（大川）の堂島川河畔は、東京の大川（隅田川）と同じように、河畔に高架高速道路が建設されている（**写真2-20**）。
　このように大阪の堀川の多くはモータリゼーション全盛時代に埋め立てられ

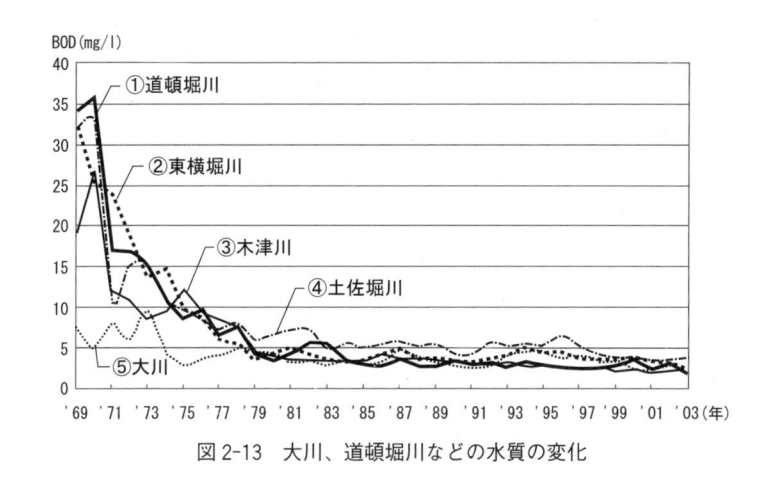

図 2-13　大川、道頓堀川などの水質の変化

たが、残された水路では水質浄化の試みがなされるようになった（図 2-13）。下水道の整備や工場排水などの水質規制が行われたほか、道頓堀川では 1979（昭和 54）年にエアレーション（噴水）による浄化装置が整備され、1989（平成元）年にはエアーカーテンが追加整備された。

●水の回廊づくりと景観整備

　水の都大阪の再生は、2001（平成 13）年 12 月、内閣府都市再生本部において、都市再生プロジェクト（第三次）の指定を受けた。2003（平成 15）年には国・大阪府・大阪市・経済界などからなる水の都大阪再生協議会が設立され、水の都大阪再生構想が策定された。同構想は、市民、開発事業者、行政が協力して、河川や水辺空間に良好な景観をつくりだしていくことが、大阪市域全体の個性ある良好な都市景観形成の鍵となると考え、船場を中心とする都心部をロの字に取り巻く堂島川・土佐堀川、東横堀川、道頓堀川、木津川を「水の回廊」と位置づけ、それらの河川と河畔の整備を進めることになった。

　その「水の回廊づくり」の基本方針は、次の４つを柱としている。①美しい水辺をつくる、②心に響く水辺のにぎわいをつくる、③水辺をネットワークし、魅力を高める、④やすらぎの水環境をつくる。

　大阪市では 1998（平成 10）年に大阪市都市景観条例を制定しており、この条例に基づいて、大川、中之島、道頓堀川を景観形成地域に指定した。各地域

それぞれの特性に合わせて景観形成目標を決め、市民、事業者、および行政が相互に連携・協力して景観デザインの水準を高め、市民が親しみや愛着を持てるようなまちづくりを進めることになった。

これらの取り組みにより、道頓堀川では、建築物や敷地は、水辺の遊歩道や橋、対岸の建築物からの眺めに配慮するとともに、低層部は遊歩道を行く人々が気軽に出入りできるような開放性のあるデザインが求められた。また、河畔に歩行者のたまり場、船着場などを整備して、水辺の交流空間の創出に努めた。

すでに水辺整備がなされた戎橋（通称ひっかけ橋）から太左衛門橋の区間は、大阪ミナミの顔である。これまで猥雑な繁華街であったが、「とんぼりリバー・ウォーク」などが整備されて、水辺空間の魅力が高まった（**写真 2-21**）。川側に顔を向けた建物ができたり、リバー・ウォークでのオープンカフェなど社会実験的な取り組みもなされ、多くの市民や観光客の憩いの場となっている（図2-14）。また、それより下流の湊町リバープレイスには船着場が設けられ、木

写真 2-21　道頓堀川のとんぼりリバー・ウォーク

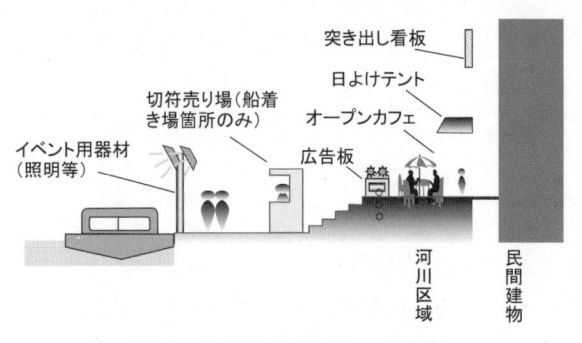

図 2-14　道頓堀川の水辺の利用例

写真 2-22 船着場も設けられている湊町リバープレイス

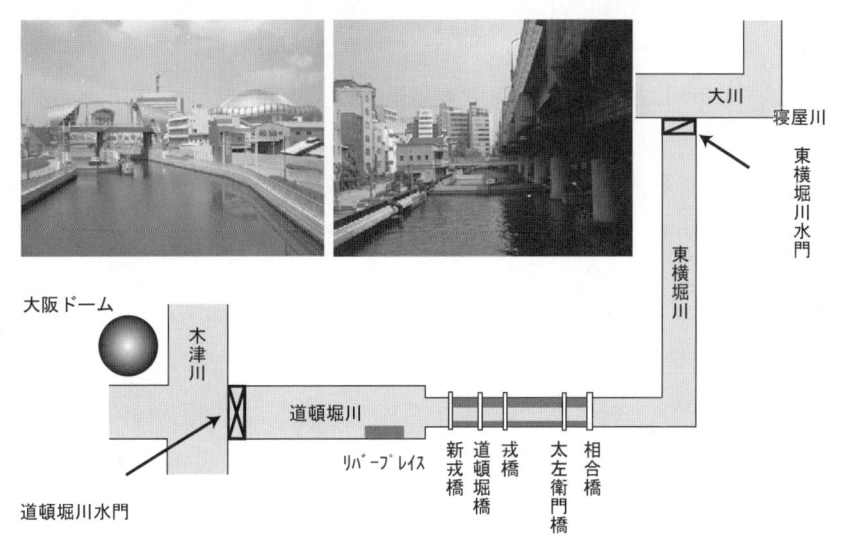

図 2-15 東横堀川水門と道頓堀川水門の位置図とそれらの外観

津川に入る手前には、近未来的なデザインの道頓堀川水門ができている（**写真 2-22、図 2-15**）。

　なお、大川の河口には高潮防止水門（防潮水門）が設置されており、これにより大川や堀川（運河）の洪水被害は大幅に軽減されている。さらに、東京の隅田川のように、まちと川を分断するコンクリートの切り立った防潮堤防を設ける方法を採らなかったことは、都市景観上プラスに働いている。

●大阪を動かす民間パワー

　大阪は市中に張り巡らされた水路を利用した舟運で栄えたと前述したが、この舟運路は京都まで続いていた。近世には、京都市中の堀川、高瀬川といった運河を通じて伏見に至り、ここから大阪の八軒家（大川の天神橋付近）の間を、三十石船や十石船など600余艘が行き来していたという。近代になると川蒸気船（河川での貨客輸送に用いる吃水の浅い蒸気船）が就航し、昭和初期には年間10万艘もの船が毛馬閘門を通過した。しかし、鉄道や道路の発達により舟運は廃れ、1962（昭和37）年、伏見〜大阪間の貨物輸送は廃止された。

　現在、淀川大堰には航路用の閘門が設置されていないため、京都方面から淀川本流の河口へは船で通行できず、毛馬閘門から大川に入って海に出ざるをえない。しかも、淀川の水深は浅いので、大型船は通航できない。しかし近年、淀川舟運復活の気運も出てきており、伏見や大阪では、さまざまな形で船の運航が行われている。

　大阪では、以前から市内の川を巡っていた水上バス（アクアライナー）に加え、落語家が同乗して大阪の街を案内する船（なにわ探検クルーズ）や小型の水上タクシーなどがお目見えした（**写真2-23**）。2003（平成15）年3月に関西で開かれた第三回世界水フォーラムのPRで活躍した水陸両用車は、さまざまなイベントで使われていたが、2007（平成19）年12月から日本初の水陸

写真2-23　上方落語家のガイドで川を巡る「なにわ探検クルーズ」

両用定期観光バスとして運行されるようになった。

また道頓堀川では、水質浄化を図るために、市民オーナーを募って淡水真珠を養殖するというユニークな活動なども行われている。

これらの活動では、大阪経済界の事業者や大学などの研究者、都市プランナーといった多彩な面々が組織するNPOなどの複数の民間団体が、相互に連携しながら継続的に参加、協力してきている。

さらに2009（平成21）年には、水都再生にかかわる各種イベントが行政や経済界などにより計画されている。

この計画は、「水の都」の再生を目指す大阪府や大阪市、関西経済連合会などで構成する「花と緑・光と水懇話会」が「川に浮かぶ都市・大阪」をテーマに、川と川によってつくられた資産を活用し、新しい都市景観とライフスタイルを創造・発信するまちづくり運動で、「水都大阪2009」として2009（平成21）年の夏の約2カ月間、大阪中心部で開催される。

大阪は都心部に「水の回廊」を有する世界でも稀な都市である。この都市資産である「水の回廊」を活用し、「水都大阪」を再生しようとしており、①水都街なみプロジェクト、②舟運プロジェクト、③リバー・ウォークプロジェクトからなっている。

また、これらのプロジェクトを結びつけるキーワードが、「連携・継承・継続」である。「水都大阪2009」は一回限りのイベントではなく、その開催効果が継続し、都市資産や仕組みが集積されていくまちづくりを目指している。

大阪の夏の風物詩に、京都の祇園祭、東京の神田祭と並んで日本三大祭に数えられる天神祭がある（写真2-24）。全国から100万人を超える人々が集うこの祭は、951（天暦5）年から1050年以上続いている大阪天満宮の夏の大祭で、メインイベントは大川を舞台に多くの船が行き交う船渡御である。この祭に船を出すには1艘あたり約1000万円かかるともいわれるが、参加する船は1990年代のバブル経済崩壊後、ますます増え続け、毎年100艘以上の船が繰り出すという。それを支えているのは中小企業の経営者や市民である。かつて実利を計算しつつ水路や橋などのインフラ整備を自ら手がけてきた、浪速の旦那衆の心意気が、今も生き続けているかのようである。

写真2-24　1050年以上の歴史を持つ天神祭

●特徴と展望

　大阪の大川は、江戸時代以前は淀川と大和川などが合流して流れる川であった。江戸時代に大和川が流路を付け替えられて大阪湾に直接流入する独立した川となり、淀川や寝屋川（かつての大和川の下流域を含む河川）などのみが流れる川となり、水害が軽減された。さらに、1909（明治42）年には、淀川の放水路が建設され、現在の淀川下流河川となったことから、水害がさらに大幅に軽減され、大阪の社会基盤が整備された。

　大阪でも地盤沈下が進み、高潮災害の問題が深刻化したが、河川の下流部に高潮災害を防ぐ防潮水門を設ける方式を採用したことから、高潮を川の中に引き込んで堤防で防ぐ方式を採用した隅田川のような高い堤防は不要となった。このため、隅田川と比較すると、河川水害を防ぐ堤防はあっても、まちと川とが近い関係にある。

　さらに、中之島周辺や寝屋川河畔などには、まとまった緑地があり、それが川とまちとを結びつけ、良好な河川と河畔の環境を形成していることも特徴で

ある。

　また、大阪にはかつての淀川の本流の大川とともに、大阪城築城に併せ多くの人工の堀川が設けられ、八百八橋があり、まちの骨格を形成してきた。大川と堀川は物流の動脈であり、河畔と堀の周辺には船着場やまちが形成されてきた。その代表的なものが、道頓堀川にもつながる東横堀川に沿った船場のまちである。現在では、その多くの堀川は埋め立てられて道路となり、東横堀川の上空は阪神高速道路に占用されている。

　道頓堀川では、大阪府と大阪市が、東横堀川と大川の合流地点付近と下流部の木津川合流点付近に水閘門を設け、水位をほぼ一定に保つように操作し、水害防止とともに水質浄化を行っている。これにより、道頓堀川では一定となった水位の水面に近い場所に、川の中のリバー・ウォークを設け、川を再生している。また、水閘門の設置により、舟運が再興されたことも、川のにぎわいを高めている。川の水質改善、川の中のリバー・ウォークの整備、そして舟運の再興という比較的小規模な川の再生が、行政と民間企業により行われ、それが大阪という都市全体の再生にも寄与している。

　また、長い歴史を刻んできた天神祭が行われる大川を中心として、川のリバー・ウォークの整備や舟運の興隆、さらにはいくつかのイベントを組み合わせた「水都大阪2009」のイベントが、大阪という都市の基盤を形づくった淀川放水路完成から100年目の2009（平成21）年に計画されている。この水都大阪の催しは、関西経済界、大阪府、大阪市が連携して企画し、市民参加を得て進められつつある。

　インフラとしての河川の形態や河畔の緑地は風格があるが、川の再生と連動した河畔再生という面では、前述の隅田川や紫川に比較して遅れている。今後、徐々に河畔の都市再生が進み、かつての日本を代表する水の都であった大阪が水辺から再生され、経済的にも繁栄することが期待される。また、埋め立てられた堀川、上空を高架の高速道路に占用された堀川の再生も進められてよいであろう。

4 名古屋・堀川

●名古屋城とともに誕生した堀川

　愛知県名古屋市は、東京、横浜、大阪に次ぐ日本第四の人口（総人口約224万人）を擁する巨大都市で、東京首都圏と京阪神の中間にあって中京とも呼ばれる。名古屋の都市形成が本格的に行われたのは、1610（慶長15）年の名古屋城築城以降である。天下人となった徳川家康が、海陸の交通に便利な那古野台地に名古屋城を築くとともに、その南面に城下町をつくり、清須城下から士民や寺社を移した。これを「清須越し」という。

　名古屋の都心部を南北に貫く堀川は、築城に際して開削された人工河川（運河）で、当初は城の西側から熱田湊（現名古屋港）までの流路であったが、後に市の北方の庄内川から取水するようになった。現在の流路延長は約16kmである。江戸時代の堀川は、城や城下への物資輸送路や排水路として機能し、川沿いには米蔵や屋敷が建ち並び、米や海産物、木材などを扱う商人が集まるなど名古屋経済の中心地であった。また堀川周辺は、花見や潮干狩り、祭など、名古屋城下の人々が集う憩いの場でもあった。

　堀川は、大正時代までは清流であったが、昭和に入って沿川の市街化が進むにつれて水質が悪化した。1960（昭和35）年代ともなると工場排水や生活排水によりますます汚染が進んで悪臭を放ち、水面にはゴミが漂うドブ川となった（図2-16）。川岸の建物も次第に川に背を向けるようになり、堀川は市民から忘れられた存在になった（写真2-25）。

　こうした状況のなか、護岸の老朽化など治水上の問題もあり、1988（昭和63）年には市制100周年を迎える記念事業の一環として、堀川の大改修が位置づけられた。

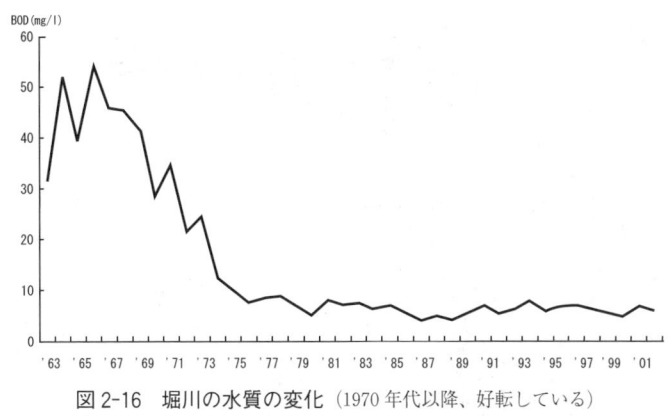

図2-16　堀川の水質の変化（1970年代以降、好転している）

写真2-25　1960年代の堀川（名古屋市資料）　　写真2-26　整備後の堀川

　また同年、先述の紫川同様、堀川は、建設省（当時）の「マイタウン・マイリバー事業」の対象河川の指定を受けた。

　名古屋市では、その翌年に「堀川総合整備構想」を策定し、同市のまちづくりの基本目標である「ゆとりとうるおいのあるまち」の実現のために、歴史的に堀川が果たしてきた役割、現状、将来の姿に着目し、①河川改修による治水機能の向上、②水辺環境の改善による都市の魅力向上、③沿岸市街地の整備・活性化、の3点を基本方針とし、まちと川とが一体となった総合的な整備を図ることにした（写真2-26）。

　この総合整備構想では、堀川沿川の市街地形成の沿革や土地利用の特性などを考慮して川をゾーニングし、それぞれの地区の特色を生かした整備を行うこととしている（図2-17）。上流域の黒川地区の整備は2000（平成12）年に完

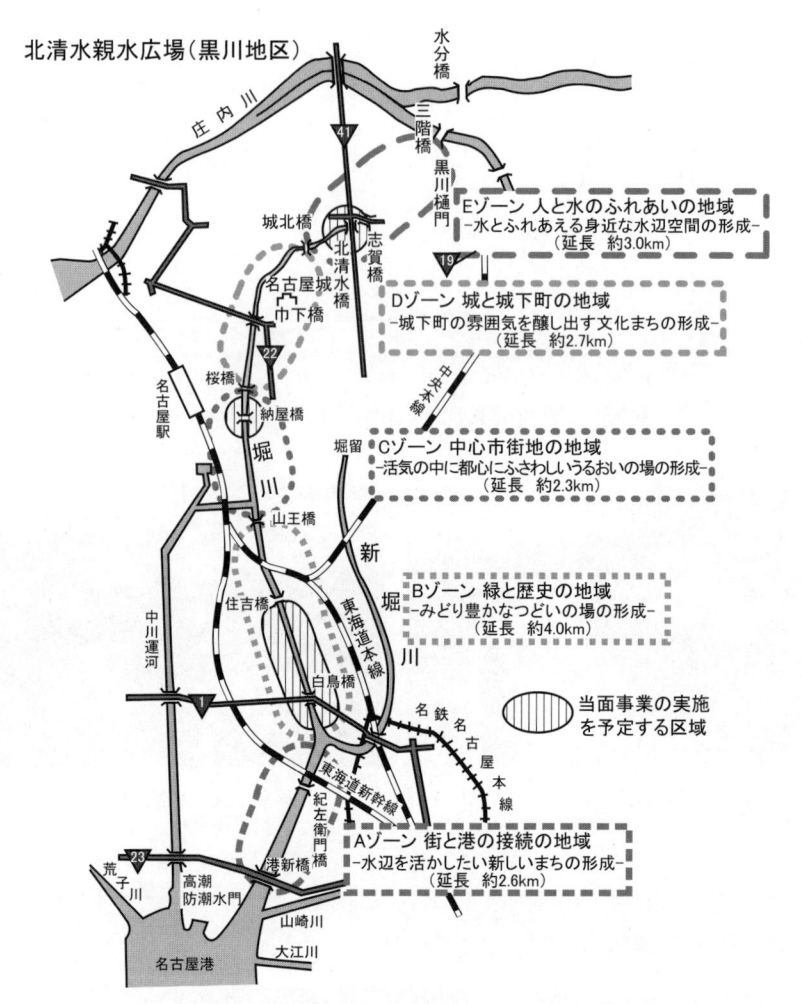

図 2-17 堀川の整備区間の概要（名古屋市資料より作成）

成し、現在は名城、納屋橋、白鳥の3地区について、2010（平成22）年の完成を目指し整備を進めている。

●河畔のにぎわいや舟運の復活へ

　このうち、名古屋駅にほど近い納屋橋地区は、名古屋を東西に貫くメインストリートである広小路通りと堀川が交差する納屋橋を中心としたエリアで、か

つては舟運や車馬が行き来するにぎわいの場所だった。納屋橋は、堀川開削時に架けられた堀川七橋の1つで、大正時代の架け替えでは当時最先端だった鉄鋼アーチ構造を採用し、高欄には堀川を開削した福島正則の家紋をあしらっていた。1981（昭和56）年の架け替え時も高欄はそのまま利用するなど、堀川の歴史的なシンボルとして大切にされてきた橋である。

　この橋のたもとにある昭和初期建造のビル（旧加藤商会ビル）は、河川整備に際して取り壊される予定だったが、保存を望む市民の声を受けて保存・修復がなされ、2000（平成12）年に所有者から市に寄贈された。市ではこのビルに、堀川に関する資料や堀川再生に向けた市民の取り組みを紹介するスペース「堀川ギャラリー」を設けている（写真2-27）。また、このビルがかつてシャム領事館としても利用されていたことから、タイ料理のレストランがテナントに入っている。

　納屋橋地区では、堀川の護岸改修にあわせてリバー・ウォークも整備されている。この整備とともに、これまで川に背を向けていたビルが、川に顔を向けるように改築される例もみられるようになった。さらに2005（平成17）年には、河川区域に社会実験的なオープンカフェなどを設置できる特例措置の指定を受けた（写真2-28）。これは広島（太田川）、大阪（道頓堀川）に続き、全国で3番目の指定である。

　このほか堀川では、舟運復活に向けて、納屋橋、宮の渡し、白鳥などに船着場が設置されており、名古屋港から名古屋城までの運航が可能になった。今では不定期ながら、屋形船やイギリスのナローボートをデザインコンセプトにした船上バーなどがクルーズを行っている（写真2-29）。

　熱田神宮近くにある宮の渡しは「七里の渡し」とも呼ばれ、1601（慶長6）年に東海道が制定された際、木曽三川を通る陸路は困難だったため、ここから桑名（三重県）までの7里を水路とし、旅行者の便を図った。また、

写真2-27　納屋橋のたもとの古いビル
（地階に「堀川ギャラリー」を設置している）

写真 2-28　堀川河畔のオープンカフェ

写真 2-29　堀川を航行する船

　堀川とその西側を流れる中川運河との間には、1932（昭和 7）年に竣工した松重閘門があり、現在は使われていないが、美しい双塔を持つそのたたずまいは、舟運華やかなりしころを彷佛させる。松重閘門や宮の渡しなどの歴史的スポットを生かした今後の舟運再興が期待される。

●官民協働で取り組む水質浄化

　堀川では、このような水辺空間の整備とともに、官民協働で水質浄化に取り組んでいる。名古屋市では「堀川水環境改善緊急行動計画」を策定し、下水道の改善やゴミの除去、ヘドロの浚渫などを行っている。この取り組みは、国土交通省の「水環境改善緊急行動計画（第二期清流ルネッサンス）」の指定を受けている。また、堀川の浄化を進める社会実験として、2007（平成19）年4月から2010（平成22）年3月の3年間の予定で、木曽川の清浄な水を堀川に導水し、浄化効果を検証している。この社会実験に伴う水質調査は、市民で構成された「堀川1000人調査隊2010」と行政との連携で行われている。

　これらの水質浄化に関する社会実験や市民参加の取り組みの背景には、1998（平成10）年9月から2001（平成13）年8月までの3年間、地下鉄工事で発生した湧き水を堀川に放流した体験があった。この湧水放流により、一時的にせよ清流がよみがえり、オイカワが群れ、水草が復活した堀川で、子どもたちが水遊びをする姿を目の当たりにした市民は、堀川への関心を深め、より一層の浄化を願うようになった。その願いは、「堀川に清流を」という20万人署名へとつながり、その結果、2001（平成13）年の夏以降、庄内川から毎秒0.3tの水が暫定的に導水されるようになった。

　また、2003（平成15）年度には市民団体が中心となった「名古屋堀川1000人調査隊」プロジェクトが実施され、庄内川からの導水の増量に合わせて、市民の目線で堀川の状況変化を観察する取り組みがなされた。これらの調査の成果発表会やインターネットでの情報交換などを通じて、堀川を核とする広範なネットワークも形成されて、先述の木曽川からの導水実験や「堀川1000人調査隊2010」の活動につながっていった。

　現在行われている木曽川からの導水実験や、納屋橋地区など3地区の整備は、2010（平成22）年を一応の節目に設定している。名古屋城築城400周年となる2010（平成22）年は、堀川にとっても開削400周年となる記念すべき年である。堀川再生の歩みは決して早くはないが、行政と市民が手を携えて一歩一歩確実に前進している（写真2-30、2-31）。

写真 2-30　整備された堀川の水辺

写真 2-31　整備された堀川の景観

●特徴と展望

　名古屋城の築城とともに人工水路として誕生した堀川も、他市の堀川と同様に都市の発展とともに汚染され、市民から見捨てられた水路となっていった。
　この堀川とその沿川の都市再生は、前述の北九州の紫川と同時期に計画され、着手された。行政による河川水質の浄化への取り組みを中心に、河畔の護岸整備とリバー・ウォークを設けることが少しずつ進められている。また、河川舟運のための船着場の整備も行われ、舟運の再興も進められている。
　北九州の紫川とその河畔の再開発に比較すると、強力なリーダーシップがなく、そのスピードは遅いが、行政、民間企業、市民が応分の努力をして徐々に取り組みが進んでいる事例といえる。日本の標準的な環境下での行政、民間企業、市民による河川再生と河畔の都市再生の事例ともいえる。

5 徳島・新町川

●徳島再生のシンボル、新町川

　徳島県の県都、徳島市の中心部を流れる新町川は、四国三郎の異名を持つ大河、吉野川の派川の一つである（図2-18、写真2-32）。全長7km足らずのこの都市河川は、かつては阿波藍をはじめとする物産の流通に利用され、商都徳島の繁栄を支える中心軸として機能していた。しかし、これまでに紹介してきたほかの都市河川同様、この新町川も、舟運の衰退や都市化の進展に伴う川の汚染により、一時は魚が棲めないほどのドブ川と化し、市民に疎まれる存在となっていた。

　そんな時代を経て、新町川は今、徳島市の河川再生のシンボルとなっている。下水道の整備や吉野川からの浄化用水の導入などにより河川の水質浄化が進むとともに、徳島県や徳島市により特産の阿波青石を使った親水護岸や河畔公園が整備された。河畔には地元の商店会が資金を調達して設置したボードウォーク（リバー・ウォーク）もあり、その周辺には洒落たレストランやブティックが川に面して立地しており、休日ともなると、そこにはパラソルショップが並んでにぎわう（写真2-33）。きれいになった川では無料の遊覧船が水面に澪を引き、その光景を橋から眺める市民がいる（写真2-34）。そして、川では、市民団体により1年365日、何らかのイベントが行われている。

　このような新町川の再生は、行政の積極的な取り組みの賜物であることは確かであるが、市民団体の長年にわたる努力なくしては、ここまでなしえなかったことだろう。

　それは、「市民が汚した川は市民の手できれいに再生しよう」と、わずか10人での河川の清掃活動から始まった「新町川を守る会」の地道な活動である。

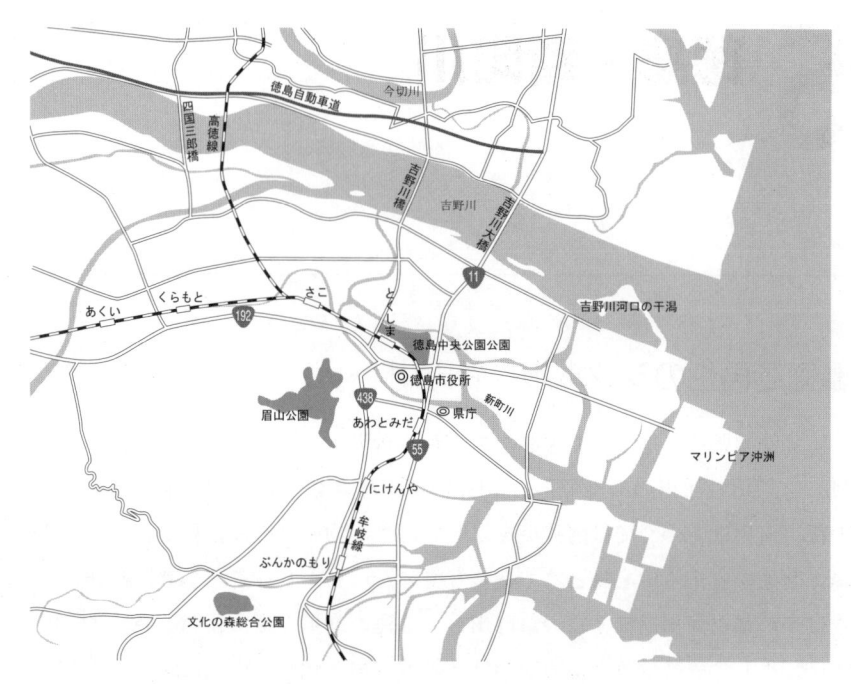

図 2-18 徳島市と新町川の位置

写真 2-32 新町川（手前）と助任川に囲まれたエリアが「ひょうたん島」と呼ばれる徳島市中心部（中央：徳島城跡〈城山〉、左下：眉山。徳島県資料）

今は同会は 300 名近くの会員を擁する NPO 法人となり、その活動範囲は、新町川を中心としつつも、徳島市内のほかの河川や道路など面的に広がり、さら

写真 2-33　河畔のボードウォークに並ぶパラソルショップ（新町川を守る会提供）

写真 2-34　新町川を航行する船と守る会のメンバー（新町川を守る会提供）

には吉野川の上下流交流やほかの市外の河川との交流など、多方面にわたっている。「新町川を守る会」の立役者である中村英雄理事長は「市民主体、行政参加」が重要であるという。徳島の川づくり、まちづくりは、行政と市民のユニークな二人三脚で進められてきたものである。

　徳島市と新町川をめぐる地理的および歴史的背景、徳島市と河川の特徴、そして、戦後の都市復興計画を含めた新町川をはじめとする河川と都市の再生の道のりと今後の展望を、少し詳しく紹介しておきたい。

●藍で栄えた商都徳島と舟運

　徳島市は、紀伊水道に面した徳島県東部に位置する人口 26 万 6 000 人余りの都市である。市街地は、吉野川河口部の三角州上に発達しており、徳島市内には吉野川と市の南方を流れる勝浦川、およびそれらの支流が複雑に流れている。市内を流れる大小合わせた河川数は 138 にのぼり、橋梁も 1 654 本を数え

るという、水に囲まれた都市である。そもそも「徳島」という地名が、この都市の成り立ちを物語っている。

1585（天正13）年、豊臣秀吉の命により阿波国を与えられた蜂須賀家政は、吉野川右岸（南岸）の川に囲まれた中洲の島々に城下町を形成した。城が築かれた島は、近世以前は渭津(いのつ)という名の寒村にすぎなかったが（渭津は、風光明媚な中国の渭水(いすい)に似ていることから命名）、築城とともに徳島（吉野川河口で川に囲まれた三角州だったことから「島」、それに縁起のよい「徳」が冠された）と改称され、町の中心となった。また、市街地西方にそびえる徳島のランドマークともいえる眉山(びざん)の麓には寺町が置かれ、そこから新町川の間を町屋・職人町とした。現在、公園となっている徳島城跡（城山）は、新町川と助任(すけとう)川に挟まれた「ひょうたん島」と呼ばれるエリア内にある。ここには現在、JR徳島駅や市役所をはじめ、官庁や文化施設、新聞社、放送局などが集中しており、今も徳島市の中枢を成している。

水軍を組織するほど水の利用に長けていた蜂須賀家は、明治維新後の廃藩置県まで300年近く徳島藩25万7000石を治めたが、上記の城下町形成にみられるように、河川を自然の要塞として利用するとともに、藩の経済基盤となる物資の輸送や交通にも利用した。その経済の中核を担ったのが、藍の生産であった。

徳島県（阿波国）の藍作は、中世にはすでに行われていたようだが、盛んになったのは、蜂須賀藩の政策として奨励されるようになってからである。タデ科の植物である蓼藍の苗を育てて収穫し、発酵させて染料の原料となる藍玉をつくるのは、並大抵の労働ではない。しかし、暴れ川として知られる吉野川流域では、台風による川の氾濫が頻繁に起こるために、収穫前にダメージを受けることの多い稲作は困難であったが、台風到来前に収穫できて、水分の多い土地を好み水害にも強い藍は、その点都合がよかった。しかも、藍を一度栽培すると土地が痩せるため、通常は連作できないのだが、吉野川の洪水によって大量の肥沃な土砂が上流から運ばれてくるうえに、舟運を利用して干鰯などの肥料の調達もできたので、連作が可能であった。

こうして阿波藍は、江戸時代から明治期にかけて、全国シェアの9割を占めるほどの主産業となった。江戸時代半ばの17世紀末には全国各地で綿の栽培

が盛んになり、木綿が普及する（それまで庶民の衣類は麻、上層階級は絹が主流であった）。木綿を藍で染めると生地が丈夫になり、汗の吸湿性もよくなる。また、藍は害虫や毒蛇を寄せつけないといわれたことから、藍染の布は野良着や布団などにも広く利用された。

吉野川流域で生産された藍は、小舟で吉野川を下り、河口部で大船に積み替えられて、大阪をはじめ全国各地に運ばれていった。徳島城下の新町川沿いの船場には藍問屋の蔵（藍蔵）が建ち並んで繁栄を極め、物資の積み下ろしに用いる階段状の雁木は、商業地区だけでなく武家地の水辺にも設けられていたという。また、大阪や京都など上方との人的交流により、徳島には高度な文化も醸成されていった。

阿波藍をはじめ木材や塩などの特産品を水運によって全国に売りさばいていった阿波商人らの活躍によって、徳島は明治初期においても依然として栄え、1894（明治27）年の徳島市の人口は6万人弱で、四国で1位、全国でも11位の都市であったという[12]。

しかし、明治30年代になり、ドイツから藍よりも手軽に扱える化学染料が導入されると、阿波藍は衰退の一途をたどる。さらに、鉄道や道路が整備されるにつれ、徳島の物流を支えていた河川はその役割を終えた。第二次世界大戦時の戦災で藍蔵などが消失してしまうと、川とともに暮らしていた徳島市民の記憶はさらに失われ、それまで川に面して建ち並んでいた家々もいつしか川に背を向けるようになっていった（写真 2-35）。

写真 2-35　藍蔵が並ぶ昭和初期の新町川河畔（左）と戦前の新町川上流左岸の風景（右）
（ともに徳島県資料）

さらに、新町川をはじめとする徳島市内の河川網は、1961（昭和36）年9月の第二室戸台風による高潮に見舞われ、約3万5000戸が床上・床下浸水の被害を受けた。このため、徳島県の災害復旧助成事業などによって高潮対策に重点を置いたパラペット護岸が昭和40年代の初めごろまでに整備された。

この護岸により、まちと河川が分断されたが、さらには経済成長とともに工場廃水や生活排水が川に流され、ゴミも漂い、水質は急速に悪化していった。昭和40年代はBODが40mg/lに達するところもあり、魚は棲めず、川底にはヘドロが堆積していた。当時の小学生が描く川の色は真っ黒だったという。

●行政間の連携で進んだ川と都市の再生

水環境の悪化が深刻な社会問題ともなった新町川では、1971（昭和46）年から、徳島県の河川環境整備事業（浄化）により、河床の浚渫を行うとともに、1975（昭和50）年からは国（当時の建設省）の直轄事業として、吉野川から新町川に浄化用水を導水する事業に着手した。毎秒10m^{3}の導水ポンプが設置されて、吉野川から新町川に水が送られるようになった。

さらに、徳島市の中心市街地の再生は、1985（昭和60）年に建設省（当時）のシェイプアップ・マイタウン計画（地方都市中心市街地活性化計画）に認定され、市街地再開発事業、新町川水際公園整備事業、紺屋町シンボルロード整備事業などが位置づけられた。

また、新町川や助任川などの徳島市内の河川網（環濠河川）は、1987（昭和62）年度に建設省（当時）の「ふるさとの川モデル事業」（後の「ふるさとの川整備事業」）のモデル河川の指定を受け、県と市の協力のもと、河川環境整備と沿川の公園との一体的な整備が進められることになった。

この川の再生、川からの都市再生事業では、河川区域内における護岸などの基盤整備は河川管理者である県が行い、公園整備は市が行うことが基本になっているが、新町川下流部は港湾区域となっており、ここは県の港湾事業として整備することが必要であるなど、整備区間ごとに管理者ならびに事業者が異なっており、その連携が重要であった。ともすると、河川事業、公園事業、港湾事業それぞれの使命に基づく独自の計画により、景観や利用の面からは統一感のないものになってしまいがちである。かといって、もし一体的な構造にす

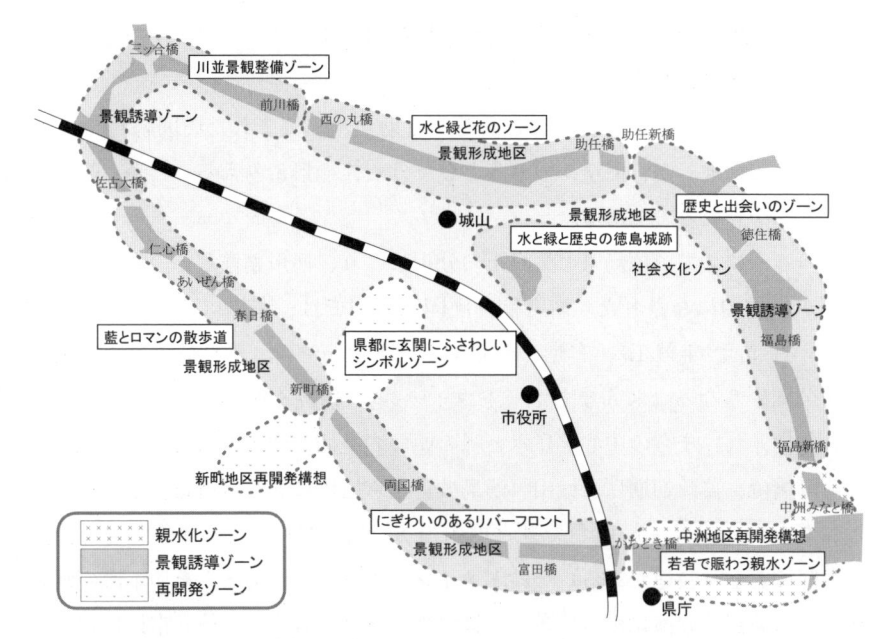

図 2-19　ひょうたん島・水と緑のネットワーク構想（徳島県資料より作成）

ると、敷地区分や構造区分があいまいになり、管理面で問題が生じるであろう。徳島の場合、県と市の分担と連携がうまくなされ、違和感のない河川空間が創出されていることは注目に値する。

　この「ふるさとの川整備事業」と並行して、徳島市では、21世紀につなぐまちづくり事業として、1992（平成4）年に「ひょうたん島　水と緑のネットワーク構想」を打ち出した（図2-19）。その背景には、ほかの地方都市と同様、徳島市でも中心市街地や商店街の空洞化、郊外への人口流出、少子・高齢化などの問題を抱えていたことがある。さらには四国と本州が橋で結ばれ、関西方面にショッピングに出かける人々が増えたことも、地元商店街の衰退に拍車をかけていた。そこで市では、従来型の大型店舗導入などの商業機能に頼った中心市街地活性化ではなく、「市民＝生活者、中心市街地＝市民活動の場」と捉え、より豊かで快適な暮らしを求める市民が主役となる文化交流の舞台づくりを目指すことを考えた。

　この方針に基づき、「ふるさとの川整備事業」の一環として、河川沿いのプ

ロムナード整備や護岸の親水化、既存公園の再整備、ライトアップなど、河川とまちを一体的に整備することになった。

ちなみに、ひょうたん島とは、新町川と助任川に囲まれた周囲約 6km の中洲（中心市街地）が、上空からみるとひょうたんの形にみえることから呼ばれるようになったものである。

このようにして、徳島県と徳島市の分担により、河川整備とその周辺の公園整備が一体的になされた。新町橋～両国橋の間では、左岸に新町川水際公園（1989〈平成元〉年竣工）、右岸に東船場ボードウォーク、新町橋東公園、両国橋西公園からなる「しんまちボードウォーク」（1997〈平成 9〉年竣工）がそれぞれ整備され、まちの中心部に水と緑の憩いの空間が創出された。

新町橋は、藩政初期に、城山（徳島城）から眉山に通じる道路橋として架けられたもので、現在も JR 徳島駅と眉山の麓（眉山ロープウェイ乗り場を併設した阿波おどり会館がある）を結ぶメインストリートにある。その下流の両国橋は、阿波踊りの演舞場（桟敷）発祥の地であり、いずれも徳島市民に親しまれてきた由緒ある橋である。かつてはこの新町橋界隈が商都徳島の中心地で、両岸には白壁の土蔵が並び、そこから阿波藍が積み出され、川筋は往来する船でにぎわっていた。

左岸の新町川水際公園は、水面近くを歩けるリバー・ウォークを備えた護岸構造になっており、噴水や夜のイルミネーションが華やかな都市空間となっている（図 2-20）。右岸の新町橋東公園には、円形の水上ステージ（ポンツーン）を囲むように半円形の階段式護岸が設置されており、ローマの円形劇場を連想させる（写真 2-36）。また、新町橋のたもとには、満潮時になると遊歩道に設置された覗き窓から、水中の魚たちを眺められる場所があり、「満ち潮水族館」と名づけられている（写真 2-37）。

両国橋西公園には円形の

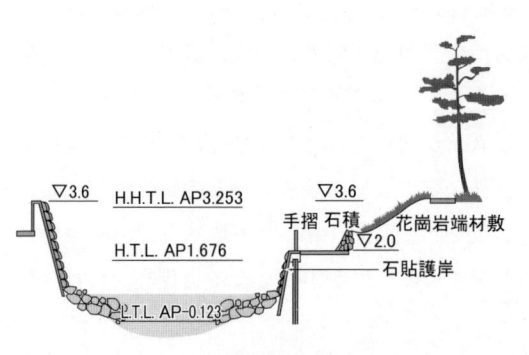

図 2-20　ひょうたん島標準断面図（徳島県資料より作成）

多目的ステージが設けられているが、ここは整備前は駐輪場だったところである。そして、この2つの公園をつなぐように287mの東船場ボードウォークが延びている。このボードウォークは、地元の東船場商店街振興組合が中小企業事業団（現 中小企業総合事業団）の融資を受けて整備したものである。かつて全国を股にかけて商いをし、洗練された文化を育んでいった阿波商人の末裔としての気概を感じる。このボードウォーク周辺は洒落たレストランやブティックが川に顔を向けており、休日にはパラソルショップが河畔に並ぶ（写真2-38）。

このパラソルショップは、出店代を払って物を売るフリーマーケットのようなシステムで、新鮮な野菜からカフェまで、さまざまな店が出る。多目的ステージや水上ステージではコンサートなどのイベントが催され、市民や観光客の集う場となっている。

写真2-36　水上ステージを使ったイベント（新町川を守る会提供）

写真2-37　遊歩道に設置された「満ち潮水族館」（徳島県資料）

写真2-38　東船場ボードウォークでのパラソルショップ（新町川を守る会提供）

写真2-39　両国橋東公園（徳島市資料）

これら新町橋、両国橋周辺（写真 2-39）だけでなく、中洲みなと公園、中徳島河畔緑地など、ひょうたん島のほかのエリアでも整備が行われているが、それらの詳細は、現在の利用状況などとともに後述する。

●新町川を守る会の活動

　この整備事業が始まって間もないころ、せっかく水辺がきれいになってきたのに、川面は相変わらずゴミだらけであることを憂慮し、立ち上がった人たちがいた。近くの商店街で靴店を営む中村英雄さんをはじめとする有志 10 人は、新町川を清掃するボランティアグループ「新町川を守る会」を 1990（平成 2）年 3 月に結成、毎月 2 回、4 艘のボートに分乗して、網でゴミをすくい取るという活動を始めた（写真 2-40）。そもそものきっかけは 1987（昭和 62）年にさかのぼる。その年の夏、阿波踊りの時期に筏レースが開催され、東新町商店街の事業部長としてイベントにかかわっていた中村さんは、レースの後、新町川にゴミが散乱しているのを目の当たりにし、以来、川の清掃を続けていた。

　「新町川を守る会」（以下、守る会）の河川清掃活動は、初めは町の人たちに奇異な目でみられることもあった。川には生ゴミや発泡スチロール、空き缶はまだしも、死んだ犬や猫、豚からベッドやバイク、冷蔵庫まであらゆるものが捨てられていた。掃除をしても、ゴミはまた捨てられる。それでも守る会では、よほどの悪天候でない限り、定期的に清掃を続けた。「できる人が、できる時に、できることを」をモットーに、おしつけがましいことはしない。ゴミを捨てる人がいても、注意しないでただ黙々とゴミを拾う。「3,000 円の会費を払えば、あなたにもゴミを拾う権利をあげます」というユーモアも持ち合わせ

写真 2-40　新町川を守る会の清掃活動と中村英雄さん（新町川を守る会提供）

ていた。

　数年が経過し守る会の活動がマスコミにも取り上げられるようになると、周囲に理解者が増え、会員数も次第に増えていった。中村さんは、「石の上に3年、川の上に10年です」という。1999（平成11）年にはNPO法人となり、現在、個人会員約280人、法人会員20を数える。メンバーは、会社員、公務員、個人事業者、主婦、学生などさまざまである。当初に比べるとゴミは少なくなり、川もきれいになったとはいえ、網を持っての清掃活動は続けている。自転車やタイヤなど大型ゴミの不法投棄は跡を断たず、1回の清掃で約1～2トン、多い時で4トンほどのゴミが集まるという。

　現在、守る会の活動は、河川の清掃にとどまらず、多岐にわたっている。「できる人が、できる時に、できることを」の基本姿勢そのままに、会員の自主的な発案によって、次から次へと活動の輪が広がっている。以下、主な活動を列挙する。

① リバークリーンアップ活動

　守る会の発足当初から月2回、ひょうたん島周囲の新町川と助任川、およびその上流の田宮川の浮遊ゴミ、岸辺のゴミの清掃を行っている。また、1999（平成11）年から毎月1回、吉野川河川敷の一定区間の清掃を行っている。これは、吉野川の一定区間を市民グループや企業がアドプト（養子縁組）して清掃するという「アドプト・プログラム吉野川」への参加である。清掃後は、河原で、うどんなどをつくってみんなで食べることで、楽しみながら会の結束力を高めている。また、吉野川河口部（徳島港）のマリンピア沖洲でも、月1回、清掃活動を行っている。

② リバークルージング活動

　今や徳島名物となっている「ひょうたん島周遊船」を、毎日、無料で運航しているほか、月に1度、津田港近くで開催される朝市への送迎船運航、吉野川クルージングなどを行っている（**写真2-41**）。これらのクルージング活動については、後でまた詳しく述べる。

③ リバーサイド修景活動

　田宮川の土手や新町橋近くの藍場浜公園に四季折々の花を植えたり、最近では道路のフラワーポットの手入れなど、河川や水際だけでなく、その緑化活動

写真2-41　船上からにぎやかな河畔を眺める（新町川を守る会提供）

は面的な広がりを持っている。

　さらに2002（平成14）年より、吉野川の水源地、高知県大川村の山林を借り入れ、次世代につなぐ森づくりを目指して植樹活動を進めている。これは中村さんらが大川村の村長に、「森を育てるためには1 000年かかりますから、1 000年土地を貸してください」とお願いして実現したもので、「3001年の森」と名づけた植樹エリアに広葉樹を植え、下草刈りを年に数回行っている（写真2-42）。また、吉野川源流域の「四国の水がめ」である早明浦ダム周辺の「さめうら水源の森」でも間伐作業や植樹を行っている。山の荒廃は土砂の流出など川にも悪影響を及ぼすが、吉野川流域に限らず、日本の山村では過疎化が進み、地域の人だけでは山林の管理が難しくなってきている。守る会では、山－川－海のつながりを健全なものにするべく、上流域にも目を向け、山村の人々とともに汗を流して植樹や間伐作業を行っている。

　「3001年の森」がある大川村からは、森と川を守るという願いを込めたドングリがクリスマスプレゼントとして守る会に届けられたり、吉野川源流域で水質調査や下草刈りを行っている高知県のNPOの会員が、新町川の清掃活動に参加したりと、上下流の連携が深まってきている。

　さらには、四国三郎（吉野川）と筑紫次郎（筑後川）との「兄弟川縁組」推進にもかかわっており、ゆくゆくは日本三大暴れ川の「長男」である利根川（板東太郎）にも働きかけ、洪水に苦しんできたお互いの流域の歴史を共有し交流を図りたいという。

写真 2-42 高知県大川村での「3001年の森」植樹 (新町川を守る会提供)

写真 2-43 クリスマスのイベント「川からサンタがやってくる」(新町川を守る会提供)

④ イベント開催

　守る会では1年365日、何らかのイベントを行っているので枚挙にいとまがないが、タレントを呼んだりするのではなく、いずれも川が主役となるようなイベントを行っている。その主だったものを挙げると、夏恒例の一大イベントとして「吉野川フェスティバル」がある。吉野川の河川敷広場で3日間、コンサートやビアガーデン、阿波踊り、花火大会など多彩な催しが繰り広げられる。

　また、中秋の名月のころには新町川を舞台にした雅楽の演奏会、クリスマスの季節には船に乗ったサンタクロースが子どもたちにプレゼントを配る「川からサンタがやってくる」や藍場浜公園での「とくしま夢あかり」、1月には古式泳法や水中での阿波踊りなども披露する寒中水泳大会が恒例行事となっている（**写真 2-43**）。なお、この寒中水泳大会は戦前から続く伝統的な行事で、1956（昭和31）年に一時途絶えたが、1995（平成7）年に再開されたものである。

●ひょうたん島クルーズの意義

　このように、守る会では自らも楽しみながら、市民の目が川に向くような仕掛けづくりが大切だと考え、遊びの要素を取り入れた多彩なイベントを開催している。そのなかで、「ひょうたん島周遊船」の運航は、守る会の原点である川の清掃活動の延長線上にある。

　1994（平成6）年から実施しているひょうたん島周遊船は、両国橋のたもとにある船着場から、小型ボートで1周約6kmのひょうたん島を約30分かけて巡るもので、毎日4～5便、無料で運航している（**写真 2-44**）。発端は1992（平

写真2-44　新町川を航行する遊覧船

成4)年、徳島市がPR用に9人乗りの遊覧ボートを購入して隔週末ごとに運航していたのだが、乗る立場からすれば隔週末では不便で、なかなか浸透しなかった。そこで、守る会で毎週末、無償で運航させてもらえないかと申し入れ、市に代わってクルージングを行うことになった。

　その後、乗船希望者が増えてきたので、守る会で14人乗りの中型艇を2艘購入し、毎日運航するようになった。14～15年前に運航を始めたころは、船を出しても誰も乗らないよ、といわれたというが、阿波踊りの時期などは1日1000人ぐらい乗るほどの人気となり、今や年間4万人が乗船しているという。

　2年ほど前から保険料として1人100円を箱に入れてもらうようになったものの、乗船料は無料を貫き通している。操縦士やガイド役は会員のボランティアで賄っているとはいえ（操縦ライセンスを持つ人は現在20人ほどいる）、守る会では遊覧船のほかに、清掃やイベント時に使う船も数艘保有しており、船の燃料費やメンテナンス費だけでも多額の費用がかかる。市からの補助金もあるが、守る会では、寄付金集めやイベント時にビール券を売ったりして資金を調達している。会員の意見は十人十色であろうが、中村さんが無償で続けることにこだわるのには理由がある。

　一つは、「無償だからこそ、市民に受け入れられたし、行政や企業も協力してくれる。私利私欲のためにやっていると思われたら、誰もついてこない」という信念である。実際、「市民主体、行政参加」の言葉どおり、守る会と行政との連携はうまくいっており、企業も、例えば地元の阿波銀行が船を購入して提供するなど、近年は企業も新町川での活動に参加し始めている。

　もう一つは、「先ず徳島市民に船に乗ってほしい」という思いである。現在の乗客は、徳島市民が全体の4割、県内の他地域からが3割、県外からが3割という状況であるが、もし有料であれば、市外からの観光客は乗っても、市民はわざわざお金を払ってまで乗らなくなるだろう、と考えている。守る会の出発点は、川をきれいにすることだった。それからまちづくりへと活動範囲は広

がっていった。中村さんは、観光のための舟運ではなく、先ずはきれいになった川を市民にみてほしい、そして川の中から自分たちのまちを眺めてほしい、と願っている。

実際、新町川の水質は明らかに好転しており、1971（昭和46）年に19.1mg/lだった新町橋付近でのBOD（75％値）は、2005（平成17）年には2.9mg/lとなっている。水に透明感が戻り、ヒラメやウナギもみられるようになったと、中村さんは嬉しそうに話す。1938（昭和13）年生まれの中村さんは、子ども時代に新町川で泳いだり、筏をつくって遊んだりした経験を持つ。そういう遊び場だった川がどんどん汚れていき、人に疎まれていく姿もみつめてきた。中村さんが家業を奥さんに任せ、毎日川に通いつめているのは、この原体験があるからなのだろう。

舟運が見直される時代、徳島の舟運にも大きな可能性がある。ひょうたん島クルーズのルート近くは、駅や官庁街、文化施設などが点在しており、渋滞時には車よりも船の方が便利な場合もあろう。

2005（平成17）年に徳島市で開かれた全国知事会議の際には、徳島県が「水の都徳島」のPRを兼ねて、全国から集まった知事らの会場移動に船を利用したり、2007（平成19）年の国民文化祭の期間中、船をイベント会場を結ぶ「水上バス」として使ったりしている。これらは、いずれも守る会の協力により遊覧船が提供されたものである。また現在、徳島商工会議所では徳島の観光事業促進の一環として、守る会と観光ボランティアグループに協力を要請し、ひょうたん島遊覧船に沿川の見どころや歴史を説明するガイドを乗船させている。

写真2-45　2007（平成19）年秋に行われた撫養航路をたどるイベント（新町川を守る会提供）

さらに、2007(平成19)年秋には、守る会と水資源機構(吉野川局 旧吉野川河口堰管理所)との共催で、明治期から昭和初期にかけて重要な舟運路だった徳島〜鳴門間の「撫養航路」をたどるイベントを行ったところ好評で、2008(平成20)年からは遊覧船による毎月1便の定期運航も予定しているという(写真 2-45)。「川を生かしたまちづくり」の一環として、本格的な舟運再興に向けた取り組みも、守る会の視野に入ってきたようである。

●川からみるまちの景観

実際に船に乗って、徳島の川とまちを眺めてみると以下のようである。

両国橋北詰の船着場には市が設置したエレベーターがあり、バリアフリー化されている(写真 2-46)。川にはひょうたんの形をしたポンツーンが浮かんでおり、イベントの際にはこれが舞台になる。この船着場から、中村さんの操縦するボートでひょうたん島を巡る。まず下流に向かうと、両岸には阿波青石の護岸や川面に近い遊歩道を歩く人がみえてくる。夜になると、公園のイルミネーションや徳島の企業が開発したLED(発光ダイオード)の青いあかりが川面を彩る。

かちどき橋をくぐって県庁前に出ると、川幅はぐんと広がり、両岸にはヨットやボートがずらりと並んでいて壮観である。この県庁前の新町川一帯は、1日200円でヨットやボートを停泊できる公営のハーバーとなっており、地元では「ケンチョピア」と呼ばれている(写真 2-47)。河畔にはボードウォークが延び、左岸(北岸)には中洲みなと公園があり、夜はライトアップされる。な

写真 2-46 船着場に設けられたエレベーター

写真 2-47 新町川下流部の公設のハーバー、通称「ケンチョピア」

写真 2-48　船からみた藍場浜公園
（藍蔵をイメージしたフェンス）

写真 2-49　一部に残るパラペット護岸

お、かちどき橋より下流は港湾管理となっている。

　水位が高く、橋をくぐることができない場合には、中洲みなと橋あたりから引き返し、時計周りに周遊する。新町橋上流の藍場浜公園には、藍蔵をイメージしたフェンスがあり、阿波藍の積み下ろしでにぎわっていた時代を思い起こさせる（写真 2-48）。初夏になると、この公園で阿波踊りの練習が始まるのだという。川をぐるりと回り込み、助任川に向かうと、川際まで建物が立地しているため、コンクリートのパラペット護岸のままになっている部分があり、これまでみてきた青石護岸の表情の豊かさを改めて実感する（写真 2-49）。

　城山に近づくと、西の丸橋周辺の左岸に、川に張り出すようにして助任川河岸緑地が広がっている。ここにはフィールドアスレチックや人工池が設置されており、子どもから高齢者まで楽しめる憩いの空間となっている（写真 2-50）。ここも藍場浜公園と同様に阿波踊りの練習場所として利用されており、その季節になると笛や太鼓の音が鳴り響く。城山が迫る対岸には、徳島中央公園親水

写真 2-50　助任川河岸緑地の施工前（左、徳島市資料）と施工後（右）

5　徳島・新町川

写真 2-51　中徳島河畔緑地　　　　　　写真 2-52　川沿いのレストラン

広場がある。ここには水辺への階段や石張りの歩道、ボードデッキがあり、徳島城跡（城山）を散策する市民や観光客を眺めながら、ボートはすべっていく。

　助任新橋を過ぎると、右岸に中徳島河畔緑地がみえてくる（写真 2-51）。江戸時代からの松並木を生かして築地塀も取り入れた城下町らしい親水公園で、夜になるとガス燈の明かりがともり、情緒豊かな水辺空間となる。このあたりには、川に面したレストランや新しいマンションが立地しており、水辺に人々が戻ってきていることが感じられる（写真 2-52）。

　これで、ひょうたん島をほぼ一周である。途中、橋桁が低いところが何カ所かあり、その度に頭を船底近くまで下げた。なかには、橋の床版が低く上げ潮時に舟が通行できなかったことから、守る会が働きかけて支承を追加して床版を持ち上げ、航行できるようにした橋もある。ちなみに 2007（平成 19）年の夏には、橋の下に描かれた巨大な絵を遊覧船から見上げる「トクシマ橋の下美術館」を徳島青年会議所が設立 50 周年事業として開催したという。

　これまでにみてきた護岸や河畔公園の整備は、先述のとおり、県と市による河川、公園、港湾それぞれの事業の連携がうまくなされ、景観的にも、青石など地場の素材を使ったり、各エリアの歴史やまちの特徴を生かしたデザインが取り入れられている。

　これらの事業にかかわった行政機関や民間の事業者、そして事業の際に意見や提案を行った守る会をはじめとする市民の熱意には頭の下がる思いだが、さらに、先人たちの功績にも目を向ける必要がある。なぜなら、新町川沿いの公園敷地は、第二次世界大戦後の戦災復興計画で、すでに確保されていたものだからである。

写真 2-53　戦災後の徳島市街（『徳島戦災復興誌』）

写真 2-54　復興事業後の徳島市街（『徳島戦災復興誌』）

　1945（昭和 20）年 3 月以降、徳島は米軍の空襲に見舞われた。殊に終戦間際の 7 月の数回にわたる空襲で新町川一帯の市街中枢部は壊滅的な被害を受け、350 年余の城下町は灰燼に帰し、罹災人口は 7 万人に及んだ（写真 2-53、2-54）。終戦を迎え、徳島県は 1945（昭和 20）年 12 月 30 日に閣議決定された戦災地復興計画基本方針に従い、文化的な近代都市の建設を目指して、新たな構想のもとに徳島都市計画復興土地区画整理事業を行うことを決定した（図 2-21）。この戦災復興事業は紆余曲折を経て 1975（昭和 50）年に完了したのであるが、その際、新町川沿いにベルト状の公園を設けることが計画された。これに基づいて整備された公園が、今日のひょうたん島周辺の優れた河畔風景創出の礎となった。

　東京や大阪をはじめ、空襲を受けた都市の多くで樹木のある広幅員道路や河畔緑地を含む戦災復興計画を立て復興事業を進めたが、多くの都市はそれが達成できていない。徳島市は広島とともにそれらを実現した珍しい例である。

　先述の全国知事会議や国民文化祭での船の利用もそうであるが、近年は行政機関や青年会議所のような諸団体と守る会との連携も進んでいる。現在守る会では、徳島市および徳島県建築士会徳島支部との協働で、「ひょうたん島・景観づくり事業」を行っている。新町川や助任川などの河川整備が進む一方で、沿川には高層建築物や広告看板も増え、川からの美しい景観が損なわれつつある。そのため、遊覧船を使ったイベントやワークショップに市民に参加しても

図 2-21　復興都市計画図（『徳島戦災復興誌』より作成）

写真 2-55　「住民主体、行政参加」の実践により新町川には活気が戻ってきた
（新町川を守る会提供）

らい、市民の間から景観保全条例制定に向けた気運を高めていくことを目指している。

このように徳島では、行政側も市民パワーを受け止め、意見や提案に真摯に耳を傾けて、「住民主体、行政参加」のまちづくりが進められている（写真 2-55、表 2-1）。

表 2-1 徳島のまちづくり・河川整備の年表

	まちづくり	河川状況および行政の取り組み	新町川
1947.4.9			・新町川公園当初計画決定 戦復第63号(地区公園)
1965〜		・水質の急速な悪化	
1971〜		・河川環境整備事業(徳島県)	
1972	・徳島市商業近代化計画		
1973.12.28			・新町川水際公園整備事業 都市計画決定
1975〜		・河川環境整備事業(建設省)	
1980	・徳島市中心商業買物動線整備計画		
1984	・徳島市都市景観構想委員会設立		
1985.8	・シェイプアップマイタウン認定		
1985	・徳島市うるおいのある街づくり地区整備事業基本計画策定		
1985		・徳島市生活排水浄化対策推進事業	
1986.4		・徳島市水と緑の基金設立	
1986.5.20			・新町川水際公園整備事業認可
1987		・ふるさとの川モデル事業指定(徳島市内河川網)	
1989	・市制100周年		
1989.8.1			・新町川水際公園整備事業竣工
1989	・「徳島景観100選」選定		
1990.3.28			・新町川を守る会発足
1990		・ふるさとの川整備計画認定(徳島市内河川網)	
1991.3	・イメージアップ推進計画大綱(徳島市)		
1991		・徳島県うるおいのある水辺づくり基金設立(ラブリバー推進事業[県])	
1992.3	・ひょうたん島水と緑のネットワーク構想		
1993.3	・東新町商店街活性化基本計画策定		

●特徴と展望

　新町川は、工業化、都市化の時代に河川が汚染され、市民から見放された都市の空間となった時代があった。

　この川では、戦災復興計画で、河畔に緑地が計画され、時間をかけてそれが整備されたことで、川が都市の開かれた空間となった。そして、その戦災復興

の遺産も生かし、さらに徳島県が河川護岸とリバー・ウォークを整備し、徳島市が河畔緑地を整備したことで、都市のインフラとしての河川空間の整備がなされたことが、河川再生、川からの都市再生に大きく寄与している。

この行政の取り組みに加えて、市民・民間企業が河畔の一部区間に自らの資金でリバー・ウォーク（ボード・ウォークと呼んでいる）を設けたこと、そして整備された河川空間を「市民主体、行政参加」で都市に生かしている市民活動が特徴である。その川を生かすうえで、市民が川に直に接し、河畔の都市を実感するうえで、市民団体が毎日無料で運行する河川舟運が重要な手段・装置となっている。市民団体が主体となって行ってきた河川舟運が、市民と川とを結びつけることに果たした役割は大きい。

近年の新町川の再生は、市民（市民団体）が主体的に発想し、それを柔軟に行政が連携した好例である。市民がいかに川や水辺を愛するか、その熱意が大切なことを教える例であり、また、行政がその熱意を上手くさまざまな事業に結びつけ、川だけでなくまちの再生にも生かせることを示している。市民は行政と争うのではなく、お互いにいかにしてよい新町川をつくるか、つまりいかにしてよい徳島市をつくるかということに取り組み、市民は市民の目線でできることから始め、できる範囲での川づくりを行ってきている。また、行政は、その市民の意欲とアイディアなどをいかにして事業に組み込むかの努力を継続し、今日の新町川および徳島市に結びつけてきた。

今日では、徳島市のまちのにぎわいの多くは、新町川のにぎわいになっている。新町川の365日のイベントが、まさに徳島の活性になっていることをみると、川の再生、川のにぎわいがまちを活性化し、経済の再興にも寄与することを示す好例である。

また、行政主体・市民参加ではなく、市民主体・行政参加による継続したまちづくりの稀有な事例であり、市民主体の川の再生・利用、そしてまちづくりの事例として大いに注目されてよいであろう。

6 恵庭・茂漁川、漁川

●稲作地帯からベッドタウンへ

　北海道恵庭市は、道都・札幌市と新千歳空港のほぼ中間に位置する人口7万人の地方都市である（図2-22）。市名は、支笏洞爺国立公園の最高峰、恵庭岳（標高1320m）に由来し、恵庭は、アイヌ語で鋭くとがった山を意味する「エエンイワ」が訛ったものといわれる。

　恵庭の歴史は、江戸時代半ば（1708〈宝永5〉年）、飛騨の材木商・竹川久兵衛が松前藩の許可を得て、山林伐採事業のために漁川流域に入地したことに始まるという。明治初期には高知藩の移住により開墾が始まり、1880（明治13）年ごろ、同市北部の島松で篤農家・中山久蔵による寒地稲作が成功し、北海道（道央）の稲作発祥地となった。その後、1886（明治19）年に山口県岩国地方から集団移住65戸が漁川沿いに入植し、農村集落の基礎が形成された。

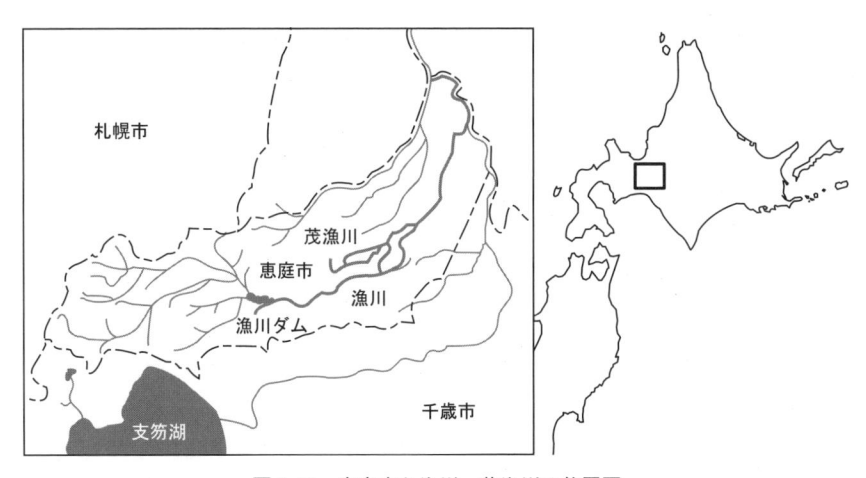

図2-22　恵庭市と漁川、茂漁川の位置図

写真 2-56　漁川の潤いのある河川空間

写真 2-57　茂漁川のやすらぎの空間
(旧河川)

　恵庭市では、第二次世界大戦前までは稲作を中心とした農業が行われていたが、戦後、自衛隊駐屯地や食品・機械工場などが立地したことで農業人口は減少し、札幌に近いこともあって昨今の農業は野菜や花卉生産を中心とした都市近郊型になってきている。また、近年は札幌のベッドタウンとして宅地化が進み、市の人口は増加の傾向にある。小樽・石狩湾新港から苫小牧・室蘭港にかけての道央ベルト地帯のほぼ中央に位置する同市は、陸・海・空の交通網をすべて生かせるという条件にも恵まれ、恵庭テクノパークなどの工業団地には多くの工場が立地している。

　恵庭市では、住宅地としての急速な発展に伴い、緑地空間の減少や河川の汚濁、さらにはコミュニティの崩壊などもみられるようになったことから、1987（昭和62）年に「水と緑のやすらぎプラン」を策定し、治水と併せて潤いのある河川空間を整備する都市づくりを目指した[15],[16]（写真 2-56、2-57）。

　同プランは、国や道などの管理者を問わず、河川、幹線道路、公園緑地、防風林などの公共空間を相互にリンクさせて環境軸を創出するというもので、関係行政機関はもとより、計画段階から市民と話し合いながら進められている。今では同プランが定着し、市民の環境に対する意識が高まり、コミュニティ再生の効果もみられ、2004（平成16）年度には国土交通省の都市景観大賞を受賞している。

●水と緑のやすらぎプランでよみがえった川

　この、水と緑のやすらぎプランの重要な核となっているのが、市の中心部を

流れる漁川とその支流の茂漁川(もいざり)である。漁川は、支笏湖、恵庭岳の北西に位置する漁岳(標高1318m)に発し、美しい滝が点在する恵庭渓谷や漁川ダムを流下した後、恵庭市街地で茂漁川を合わせ、やがて千歳川に合流する。漁川の流路延長は46.8kmで、石狩川水系千歳川に流入する数ある支流のうち最大の支流である。漁川では、かつてサケ漁が盛んであったが、たびたび水害に見舞われたため、河川整備が進められた。護岸整備によって河畔林が消失し、床止の設置などにより上下流の生態系が遮断され、さらには人口増加に伴う河川の汚染などもあって、昭和50年代には昔の面影は失われた。

しかし、流域の下水道整備が進んで水質が著しく改善されたことや、水と緑のやすらぎプランに基づいて、1988(昭和63)年ごろからAGS(Aqua Green Strategy＝水と緑の戦略)工法により河畔林の回復が図られたり、床止に魚道が設置されたことにより、今では市街地中心部でサケの遡上が確認できるまでになった[15],[16]。AGS工法とは、強固な護岸の上に玉石と覆土を施し、そこに植生の侵入を期待するもので、いわゆる多自然型川づくりの先駆けの一つとなった工法である。整備後十数年を経て、水辺はドロノキやハンノキでうっそうとしている。

また、カワセミやショウドウツバメは、川岸の土手に好んで営巣するが、河川工事でこれが消失したため、人工の営巣ブロックを設置したところ、巣づくりが確認されている。

これらの整備にあたっては、河川環境に高い関心を持つ市民団体や専門家によるワークショップでの意見が反映されている。また、ボランティアグループや市民総出によるクリーンリバー活動も行われている。

茂漁川は、市の西部に源を発し、自衛隊北恵庭駐屯地をかすめるように流下した後、市街地を貫流して漁川に合流する流路延長9.2kmの河川である。茂漁とはアイヌ語の「モイチャン」に由来し、サケが産卵する小川を意味するという。かつてはサケが豊漁であったが、明治時代から農業用水として利用され、昭和30年代には防災事業によって水路が直線化され、護岸はコンクリート張となった。

しかし、1981(昭和56)年に発生した大洪水を契機に計画洪水流量の見直しが行われ、水と緑のやすらぎプランに基づいて景観や親水性に配慮した工事

写真 2-58　茂漁川のバイカモ

に着手していたところ、建設省（当時）が1987（昭和62）年度に創設した「ふるさとの川モデル事業」の精神と一致していたため、1989（平成元）年度の同事業に認定された[15),16)]。

　河川改修にあたっては、多様な水辺空間が創出されるよう、公園整備と一体化させて川幅に余裕をもたせ、のり面の緩傾斜化や中洲の創出、自然石を使った工法や柳枝工による護岸の整備がなされた。また、可能な限り河畔林を残せるように工夫している。改修後、瀬や淵が出現し、1年後には清流の代名詞であるチトセバイカモで川底は覆いつくされ、川に生き物のにぎわいがよみがえった（写真2-58）。

●川とまちをバリアフリーに

　このように水と緑が一体化した心地よい風景が創出された漁川や茂漁川には、子どもたちや釣り人、散策する市民の姿がみられるようになった。幼い子どもは水と戯れ、小学校の総合学習の場ともなった（写真2-59）。

　そして、人々の水辺への回帰に伴い、バリアフリーに配慮した管理用道路の舗装や高水敷への傾斜の整備がなされるようになった。管理用道路はクッションの効くウッドチップを敷設しているため、朝夕はリハビリを兼ねた高齢者の散策路、日中は学生のランニングコースになるなど、川辺に人が途切れることがない。

　恵庭市では、2000（平成12）年に施行された「交通バリアフリー法（高齢者・身体障害者等の公共交通機関を利用した移動の円滑化の促進に関する法律）」を受けて、2002（平成14）年3月に「交通バリアフリー基本構想」を

写真 2-59　整備されて市民の憩いの場、環境学習の場となった茂漁川

策定した。翌年3月には2010（平成22）年までに実施すべき公共交通特定事業、道路特定事業、交通安全特定事業とともに、河川や連続した緑地などを「そのほかの事業」として取り込んだ、「交通バリアフリー特定事業計画」を策定した[15),16)]。

この基本構想では、1日あたりの乗降客が5 000人以上あるJR恵庭駅とJR恵み野駅の各駅を中心に約1km圏内を計画対象区域とし、区域内の主だった公共公益施設などへの歩行者のアクセス動線をバリアフリー化するハード面での整備と併せて、市民に対して理解と協力を求める「心のバリアフリー」などのソフト面での施策の展開が示されている（図2-23〜2-25）。

この基本構想は、これまでの水と緑のやすらぎプランの方針に沿ったものであるが、2000（平成12）年秋に帯広市で開催された「川での福祉と教育の全国交流会」に参加した車椅子利用者からの、「川のバリアフリー化はわかるが、駅から川までのバリアフリー化はどうするのか」というもっともな指摘を受け、それを反映したものでもある。

すでにJR恵庭駅とJR恵み野駅、漁川のバリアフリー化は、2005（平成17）〜2006（平成18）年度に完了しており、先に計画された特定事業は2010（平成22）年度までにすべて完了する予定である。また、ほかの河川についても、整備に際してはバリアフリー化を促進することにしている。

このように河川空間を恵庭市のまちづくりに組み込み、教育や福祉面での利用を促進してきた原動力には、志の高い市職員の存在、そして長きにわたって

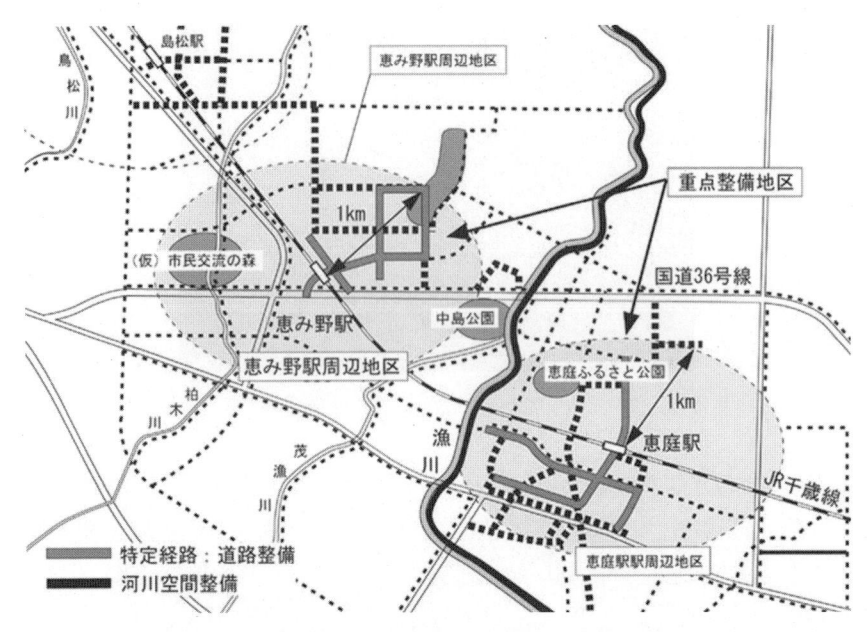

図2-23　水と緑のやすらぎ歩行空間ネットワーク（恵庭市資料より作成）

まちづくり・川づくり・川での活動に取り組んできたNPO水環境北海道の存在がある[1]。

多彩な人材からなるこの市民団体は、環境保全を活動の基本としつつ、千歳川「川塾」を毎年開催し、子どもたちが川と触れあう機会を設けるなど、全国に先駆けて川の体験活動を進めてきた。さらに、流域内の自治体間の連携、行政と市民との協働を保つ装置として機能している。その中心となってきたのは、前恵庭市職員で、現在、NPO水環境北海道の専務理事を務める荒関岩雄さんである。

荒関さんは地域の問題は地域の住民と自治体の職員が相

図2-24　河川空間の整備（漁川のバリアフリー化）

凡例　◎ 階段工事（手摺設置など、4カ所）
　　　▲ 取付け道路（スロープ・手摺設置など、3カ所）

互に連携することにより解決できると考え、それを実践してきた。川の問題では、自分のまちの川だけがきれいになることはありえず、流域全体での連携を自治体から進めないと不可能であるとして、上流から下流までのすべての自治体に働きかけて連携を行い、今日の茂漁川をつくってきた。

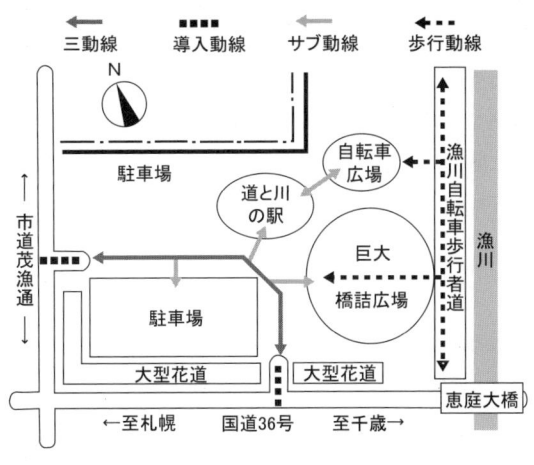

図2-25　道と川の駅計画

荒関さんと同僚の寺内康夫さんは、『川で実践する福祉・医療・教育』の中で、こう記している。「これまでの経済と機能優先の社会によって失われつつある地域社会の相互扶助と、それを支えるコミュニティの回復については、（中略）人間が本来有する優しさを呼び起こす必要があり、このためには情操の育みなど、川の有するさまざまな価値を生かしたまちづくり、特に河川空間での福祉や教育活動の展開が可能となるバリアフリー化などの整備がもとめられている」[15]。

●特徴と展望

　恵庭市では行政の積極的な取り組みで、水と緑のやすらぎプランを作成し、まちづくりの骨格となる公園を設け、川を生かすことが計画されてきた。

　都市計画の緑地と連動した茂漁川の多自然型の整備がある。そこでは、公園と連携させて、川幅を広く確保して多自然型川づくりを行い、リバー・ウォークや河川トイレの整備、さらには、旧河川をせせらぎ水路と緑地として整備することで、川を地域の中心で貴重な空間とした。これにより、河川周辺は恵庭市でも最も良好な住宅地となった。

　さらには、漁川を恵庭駅や恵み野駅の交通バリアフリー法の整備計画に組み込み、リバー・ウォークとしてのみならず、駅や道路と連結する移動経路としてまちの空間として位置づけている。また、漁川と国道の結節点には道の駅と

川の駅を一体化して整備し、市民の車での川へのアクセスを形成している。
　これらの川づくり、まちづくりは、前述の荒関岩雄さんなどの行政マンの高い志と行動により市民の参加を得て進められてきた。行政マンのリードと継続した努力で川や公園、道や駅といった基礎的なインフラ整備が市民参加の下で進められ、川の再生、川の整備がまちづくりの骨格となり、都市整備、まちづくりが実践されてきた事例として大いに参考にされてよいであろう。

〈参考文献〉
1) 吉川勝秀：『流域都市論―自然と共生する流域圏・都市の再生―』、鹿島出版会、2008
2) 吉川勝秀：『人・川・大地と環境―自然と共生する流域圏・都市―』、技報堂出版、2004
3) 吉川勝秀編著：『多自然型川づくりを越えて』、学芸出版社、2007
4) リバーフロント整備センター（吉川勝秀編著）：『川からの都市再生』、技報堂出版、2005
5) 三浦裕二・陣内秀信・吉川勝秀編著：『舟運都市―水辺からの都市再生―』、鹿島出版会、2008
6) 石川幹子・岸由二・吉川勝秀編著：『流域圏プランニングの時代』、技報堂出版、2005
7) 石川幹子：『都市と緑地』、岩波書店、2001
8) 森眞純・関川進太郎：「川を活かした都市の再生」、『市民工学としてのユニバーサルデザイン』(吉川勝秀編著)、理工図書、2001
9) 新川信夫：「紫川―景観に配慮した川づくり―」、『RIVER FRONT』(リバーフロント整備センター)、Vol.51、2004
10) 川上睦二：「水の都大阪の再生」、『RIVER FRONT』(リバーフロント整備センター)、Vol.51、2004
11) 林正博：「名古屋・堀川の再生とまちづくり」、『RIVER FRONT』(リバーフロント整備センター)、Vol.54、2005
12) 根津寿夫：「水の都徳島再発見　秀吉の町・家康の町―川と人の織りなす歴史・文化―」(同名の特別展図録)、徳島市立徳島城博物館、2006
13) リバーフロント整備センター編：『川・人・街　川を活かしたまちづくり』、山海堂、2001
14) 『徳島戦災復興誌』、徳島県、1961・1978
15) 荒関岩雄・寺内康夫：「川を活かした交通バリアフリー計画」『川で実践する　福祉・医療・教育』(吉川勝秀他編著)、学芸出版社、2004
16) 荒関岩雄：「川を組み入れた交通バリアフリー計画―北海道恵庭市―」、『川のユニバーサルデザイン』(吉川勝秀編著)、山海堂、2005
17) 吉川勝秀：『河川流域環境学―21世紀の河川工学―』、技報堂出版、2005
18) 石川治江・大野重男・小松寛治・吉川勝秀他編著：『川で実践する　福祉・医療・教育』、学芸出版社、2004
19) 吉川勝秀編著：『川のユニバーサルデザイン―社会を癒す川づくり―』、山海堂、2005
20) 吉川勝秀編著：『市民工学としてのユニバーサルデザイン』、理工図書、2001

第3章

欧米の事例

都市化は、産業革命以降の欧米において先行した。本章では、産業革命以前の河川、水辺と都市との関係、およびそれ以降の環境変化と都市再生の事例として、アメリカ・ボストンのチャールズ川およびボストン湾、イギリス・マンチェスターのマージ川と運河、およびロンドンのテームズ川と運河、フランス・パリのセーヌ川と運河を取り上げる。また、治水対策の延長線上で行われた魅力的な都市空間創出の事例として、アメリカ・テキサス州のサンアントニオ川を、河川と道路との関係の再構築と都市再生の事例として、ライン川河畔のドイツの都市、ケルンとデュッセルドルフを取り上げる（ボストンもこの事例の一つである）。

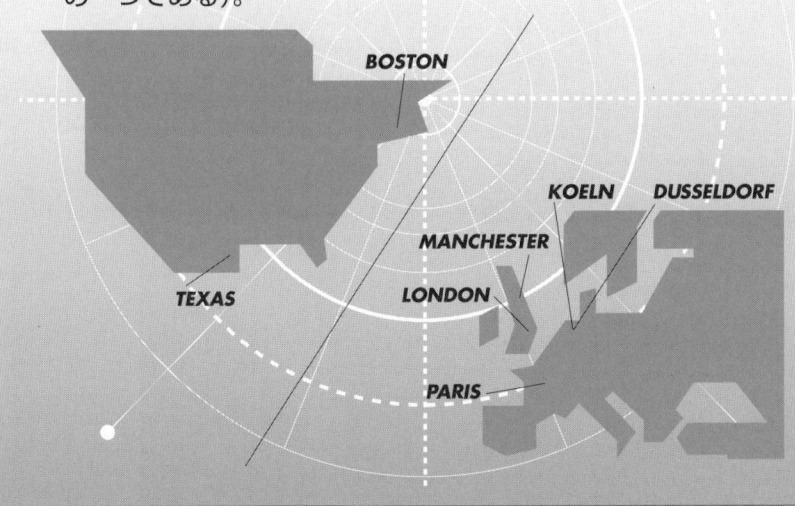

1 ボストン・チャールズ川と ボストン湾

●埋立地に築かれたアメリカの古都

　マサチューセッツ州の州都ボストンは、アメリカ合衆国における最も古い都市の一つで、ボストン茶会事件で知られる独立革命発祥の地でもある。大西洋に面するマサチューセッツ湾に注ぐチャールズ川河口部に、イギリスから渡ってきたピューリタンが町を築いたのは1630年代のことであり、イギリス植民地時代には本国や西インド諸島などとの貿易の拠点となった。今でもアメリカ有数の港湾都市としての伝統を誇る（**図3-1**、**写真**3-1、3-2）。

　また、18世紀にイギリスで起こった産業革命は、いち早くこの都市に伝わり工業が発達した。経済の隆盛に伴い人口も増加し、19世紀にはアメリカの学術・文化の中核を担うようになった。今日も、ボストン周辺にはアメリカ最

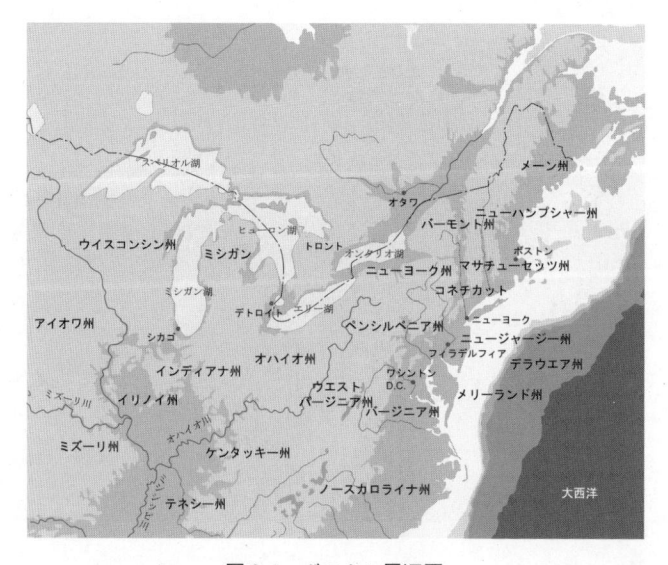

図3-1　ボストン周辺図

写真 3-1 チャールズ川右岸、バックベイ付近

古の大学であるハーバード大学をはじめ、マサチューセッツ工科大学（MIT）、ボストン大学など多数の高等教育・研究機関や美術館、シンフォニーホールなどの文化施設が集中している（**写真 3-3、3-4**）。

写真 3-2 ボストン湾岸の風景

ボストン市域の面積は 232km^2、市の人口は約 59 万人（2000 年米国国勢調査局）、都市圏の人口は約 335 万人（ボストン、ケンブリッジ、クインシーなど。2000 年米国国勢調査局）を擁している。ボストンは、市中央部のビーコンの丘（ビーコンヒル）周辺を除くと、チャールズ川とその支流のマディ川などの湿地を広範囲に埋め立てることで都市を形成してきた[1),2)]。当初はビーコンの丘の土で埋め立てを行い、その後は遠方より鉄道で土砂を運んで埋め立てた。ちなみに、現在ボストン湾と呼ばれているエリアも、もともとはチャールズ川の河口部（エスチュアリー）である。

このような都市形成の歴史をたどってきたボストンと、江戸・東京を比較することは興味深い。江戸・東京は、武蔵野台地と下総台地に挟まれた低地の前面に東京湾が開けている。ボストン同様、背後に丘陵を控え、海が入り込んだ日比谷入江があるなど、天然の良港の条件を備えていた。そしてボストン開発とほぼ時期を同じくした 1590 年の徳川家康の入府以来、低地（湿地）の開発と東京湾の埋め立てなどにより都市が形成されてきており、ボストンとの類似点がみられる。

写真3-3 チャールズ川左岸側にあるマサチューセッツ工科大学

写真3-4 チャールズ川河畔にあるハーバード大学

●水と緑のエメラルド・ネックレス

　産業革命の時代以降の工業化や移民の急速な流入により都市化が加速したボストンでは、大気汚染が進み、チャールズ川も工場などからの排水で汚染されてゴミ捨て場となっていた。

　19世紀後半、都市の発展とともに行われた埋め立てによる土地開発では、汚染されたチャールズ川やマディ川の再生とその河畔での公園整備も同時に行われた。これは、従来の格子型街路計画に準拠したまちづくりではなく、パークシステムという手法による都市基盤整備であった[3],[4]。パークシステムとは、市街化に先立ち、河川や自然環境を都市の骨格として確保し、保全するという考え方であり、今日の流域圏計画（流域圏整備）の先達といえるものであろう。

　現在バックベイと呼ばれているチャールズ川右岸側（対岸の左岸側にはマサチューセッツ工科大学〈MIT〉がある）は湿地を埋め立てた造成地で、当初は住宅地として開発された（**写真3-5**）。この湿地の埋め立てに際しては、チャールズ川に河川公園を造成するとともに、河畔にはリバー・ウォークを整備し、市民に河川空間を開放した。現在も、周辺には大きな公園（ボストン・コモン、パブリック・ガーデン）もあり、落ち着いた住宅街や高級ブティックが軒を連ねるエリアとなっている（**写真3-6**）。

　また、そのすぐ上流側でチャールズ川に流入していたマディ川の湿地の埋め立てでは、人口増加に伴い汚染されたマディ川を整備・再生し、その周辺に緑地や公園、リバー・ウォークを配して、さらにこの地域を縦断する道路を設け

た。このマディ川の湿地はバックベイ・フェンズ（バックベイの湿地）と呼ばれ、湿地に設けられた道路（フェンウェイ）の北側は公園（フェンウェイ・パーク）として整備された（写真 3-7）。公園内には、ボストン・レッドソックスの野球場もある。

　これらのバックベイ・フェンズの公園が整備されたのは 1897 年のことである。設計者は、ニューヨークのセントラル・パークをはじめ、数多くの都市公園の設計を手がけたランドスケープ・アーキテクトの嚆矢、フレデリック・L・オルムステッドである。この水と緑のネットワークはエメラルド・ネックレスと呼ばれ、パークシステムによる都市整備の代表例とされている[3]。

写真 3-5　埋め立てによるバックベイ地区の整備。1934 年の航空写真

写真 3-6　ボストンの公園（左：ボストン・コモン、右：パブリック・ガーデン）

写真3-7　エメラルド・ネックレスと呼ばれる水と緑の公園
（上：バックベイ・フェンズ、下：オルムステッド・パーク）

●ボストン湾岸の環境改善

　このようにボストンでは、約100年前から汚染された川と河畔の環境改善が行われてきたが、1980年代には依然汚染が著しかったボストン湾（先述のように、もともとはチャールズ川河口部）の浄化とウォーター・フロント（湾岸の水辺空間）の再生が行われた[1]（写真3-8）。当時、この湾の水質汚染については、連邦の「清水法（Clean Water Act）」に違反しているとして、裁判でその改善が求められていた。それを受けて実施された事業は、1990年代には全米最大の事業といわれていた。それとほぼ同時にウォーター・フロント再開発も行われ、それは最も早い時期の事例としても知られている。

　ボストン湾の汚染が著しかった当時、その水質悪化の最大の原因は、かつての工場や事業所から排出される汚水ではなく、ボストンの流域圏内の各家庭か

写真 3-8　ボストン湾浄化のための下水の高度処理施設の整備風景 (1992 年冬)

らの汚濁排水となっていた。世界の歴史的な大都市は、ほぼ共通して合流式下水道を整備してきていたが、ボストンでも同様の方式の下水道を採用していた。ボストン湾の水質浄化にあたっては、その下水道を通じて流される日常の生活排水を高度に処理することに加えて、雨天時に未処理のまま下水道を通じて排出される汚水の処理が必要であった。そこで、生活排水とともに雨天時の越流水も湾内の島に導水して高度の下水処理を行い、その処理水をボストン湾の外にあるマサチューセッツ湾に放流することとした。この事業費を回収するには下水道料金の大幅な引き上げが必要であったが、市民はそれを受け入れた。

　また 1980 年代以降は、ボストン湾岸のウォーター・フロントの再生も行われた。かつての港湾荷揚場や港湾関連施設が立地していたエリアは主に住宅地として再開発され、都心部により近い地域ではホテルやオフィスビル、水族館などに生まれ変わった。さらに、水辺全域には散策路（ハーバー・ウォーク）が設けられた。これにより、かつては個人の所有地であったためにアクセスが制限されていた湾岸区域に人々は自由にアクセスできるようになり、水辺空間

写真 3-9　ボストン湾岸のハーバー・ウォーク

1　ボストン・チャールズ川とボストン湾　**101**

が再びボストン市民に開放された。湾岸の再開発にあたっては、このようなハーバー・ウォークを設けることが義務づけられており、現在、ほぼ湾岸全域にわたって整備されるに至っている（写真3-9）。

●道路の撤去、水辺の復権

　このような水辺再生事業と並行して、ボストン都心部と湾岸のウォーター・フロントを分断していた高架高速道路（セントラル・アーテリー〈Central Artery〉）の撤去が行われた。1950年代に開通したこの高速道路の撤去は、より多くの交通量に対応できるよう道路を地下化して交通渋滞を軽減しようとするものであったが、それと同時に、都市と水辺とを分断していた構造物を撤去することにより、都市を再生するという目的があった[1]（写真3-10、図3-2）。

　つまり、この巨大な埋設事業、すなわちビッグ・ディッグ（Big Dig）と呼ばれる事業は、流域圏から排出される汚水の処理によるボストン湾の水質浄化、ウォーター・フロントの土地利用の転換、ハーバー・ウォーク整備による水辺空間の開放などの延長線上にあり、水辺と都市との一体化をさらに高める事業であった。具体的には、高架高速道路の地下化、ローガン空港連絡海底トンネ

写真3-10　1983年ごろのボストンの航空写真
（高架高速道路が都心部とボストン湾を分断するように走っている。写真左中央から右上方向に分断）

ルの建設、チャールズ川横断橋梁の架設を行うというもので、1991年に着工し、2006年にほぼ完成をみた（図3-3）。

なお、このビッグ・ディッグの合意形成の過程においては、アメリカならではの政治的な議論や活発なロビー活動が繰り広げられたことも注目される。

アメリカでは、1960年代から70年代にかけて環境問題などの観点から高速道路見直しの議論が起こっていた。1970年、マサチューセッツ州知事のサージェント氏（民主党）は高速道路の全面見直しを行い、一部道路の建設中止を決定した。米国の「空気浄化法（Clean Air Act）」は連邦政府により1963年に制定され、この年に連邦環境庁が設立され施行されている。その後、1975年にマサチューセッツ州知事となったデュカキス氏（民主党）は鉄道整備の推進を目指していた。1979年に道路整備とトンネル推進派のキング氏（共和党）に敗北したが、1983年に再び州知事に就任した。

このころ連邦では、1980年に大統領に就任したレーガン氏（共和党）が、1983年までに高速道路建設に関する環境影響評価書（エンバイロメンタル・インパクト・ステートメント＝

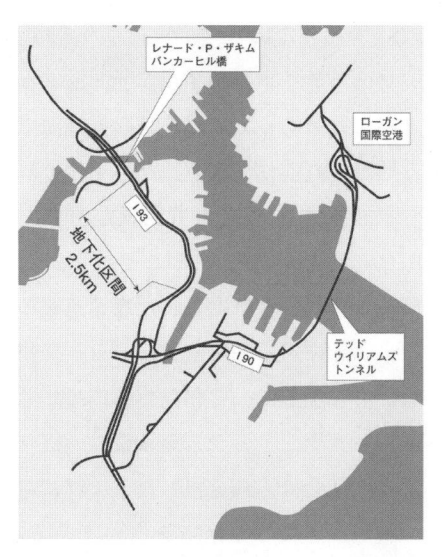

図3-2 ボストンの高速道路と空港連絡道路などの平面図

図3-3 高速道路跡地での緑地整備計画図

1 ボストン・チャールズ川とボストン湾　**103**

EIS）を出さないと、国が90％の補助金を出すという連邦高速道路システム（インターステイト・ハイウェイ・システム＝IHS）に加入させないと決定した。このこともあって道路整備の推進派ではなかったデュカキス氏が、その締め切り期限の直前に、高速道路地下化とローガン空港への地下トンネル建設を含めた環境影響評価書と費用便益分析（ベネフィット・コスト・アナリシス＝B/C）を連邦に提出することになった。1984年に再選したレーガン大統領は、環境影響評価書が出された高速道路の地下化を拒否し、トンネルのみを承認した。これに対し、マサチューセッツ州政府は反論し、大手建設会社のベクテルなども参加して、共和党へのロビー活動を実施した。大統領はインターステイト・ハイウェイ・システム整備のばら撒きを拒否したが、民主党が多数を占める連邦議会はそれを覆した。これに対して大統領は、マサチューセッツ州選出の議員が重要なポストを占めていることなどに配慮して、拒否権を発動しなかった。

　1989年にブッシュ氏(共和党)が大統領に就任し、デュカキス氏は任期切れ直前の1990年に連邦政府に事業補助を申請した。その後、共和党のウェルド氏が州知事となり、1991年の工事着工に至った。着工当時、事業費は約3000億円といわれていたが、2006年時点では約1兆7000億円となっている。

　現在、ボストンには都市と水辺が一体化して開放された空間が出現し、2007年春の時点では旧道路敷地の緑化が進められている。

　また、チャールズ川流域では、水源地の自然保全など、流域圏での水と緑の保全も行われてきた。

　この都市には、19世紀後半からのチャールズ川流域の再生、ボストン湾の浄化、そして都市と水辺の一体化へと続く河川・水辺再生の長い歴史があり、水辺の復権が実践されている。都市のたたずまいも景観などの面で優れており、「デザインされた都市」ともいわれている。

●特徴と展望

　ボストンでは19世紀末から産業革命と都市化で汚染されたチャールズ川の右岸側のバックベイ地区の河畔や、同様に汚染されたマディ川の再生が行われてきた。

チャールズ川のバックベイ地区では、湿地を埋め立てて今日の高級住宅地と商店街となっている地区に樹木のある幅の広い道路（ブールヴァール）を設け、都心のボストン・コモンと呼ばれる公園とマディ川の湿地（フェンズ）を結ぶパークシステムの都市整備を行うとともに、チャールズ川の河畔には河畔公園とリバー・ウォークを設け、川の再生と都市の形成を行ってきた。

　マディ川においても、バックベイ・フェンズと呼ばれる湿地公園などの河畔公園と川に沿った緑地とリバー・ウォークを設けて川の再生を行うとともに、幅の広い樹木のある道路の整備を行い、都市整備を行ってきた。

　このように、ボストンでは川の再生、川を生かした都市再生の長い歴史がある。

　近年では、20世紀後半まで汚染され続けてきたボストン湾の水質浄化を大規模に行う（合流式下水道の雨天時の汚水を大規模な処理施設を設けて処理し、ボストン湾の外側のマサチューセッツ湾に導いて放流する）とともに、かつての港湾施設、海軍施設などが立地していたボストン湾（ボストン湾と呼ばれているが、チャールズ川の河口部）に面した港湾施設などの水辺の地区の再開発を行っている。かつての港湾施設などは住宅を中心として再生され、同時に市民がボストン湾の水辺に近づけるように、ハーバー・ウォークが整備された。このハーバー・ウォークは、都市計画に基づき民間の開発、公的な開発にかかわらず義務付けられ、その大半が完成してウォーター・フロントが市民に開放されている。

　このボストン湾の水辺とボストンの中心地を分断するように建設されていた高架の高速道路（連邦州間高速道路、セントラル・アーテリー）を撤去し、地下化することで、中心地と水辺を一体化した都市再生を行っている。高速道路が撤去された地区は、連続した都市の緑地などに再生されている。

　ボストンの川の再生、川からの都市再生は、行政が中心となり、民間開発者、市民が一体となって策定した都市計画に基づいて水と緑を生かし、いわばデザインされた都市として、都市の整備・再生と一体的に行われてきたことに特徴がある。ボストンの水辺は、都市の風格をつくり出すとともに、都市形成・都市再生という経済的にも魅力的な素材として生かされている。そして、川や湾の水辺は、船による水面利用も含めて、市民はもとより内外からの観光客などにも利用されている。

2 マンチェスター・マージ川と運河

●産業革命を支えた川

　イギリス、イングランドの北西部、マージ川流域に位置するマンチェスターとリバプールは、18世紀にこの国で興った産業革命の原動力となった都市である。内陸部にあるマンチェスターは、マージ川河口部の港湾都市リバプールとマージ川の舟運によって結ばれ、産業革命の進展とともに世界の綿工業の中心地として発展した（図3-4）。

　両都市間の舟運による物資輸送は、やがてマージ川に並行して設けられたマンチェスター・シップ・カナルという大運河によって担われる。そしてマンチェスターからは、イギリス全土に運河網でつながっていた。イギリスの運河網は、文字どおり網の目のように細かく、そして広範囲に張り巡らされ、当時エネルギー源の花形だった石炭の輸送をはじめとする物流の大動脈となっていた[5]。

図3-4　マンチェスター、リバプールの位置とイギリスの水路網

　1830年、世界最初の旅客列車の定期運行がマンチェスターとリバプールの間で開始され、その後、鉄道網が国土全体に張り巡らされた。舟運のための運

河網、そしてその後の鉄道網の整備という社会インフラの充実により、産業革命以降の大英帝国の繁栄は築かれたのである。時代が下りモータリゼーションの時代になると道路網が張り巡らされ、さらに現代は航空網が重なる。それらは現在も廃れることなく機能しており、社会インフラの整備面に、イギリスの富の蓄積と往時の繁栄、そして現在の底力をみることができよう[1]。

イギリスの運河網と鉄道網は、モータリゼーション全盛の現代においても機能している。陸上交通の発達やコンテナの大型化、水系の汚染などにより、マージ川流域をはじめとする運河は、その存在が忘れられた時代もあった。しかし、かつての物資輸送を担った川と運河、河畔の土地は、今日では水系の再生や都市の再興、そして市民の利用などで、再び注目され、脚光を浴びている（**写真3-11、3-12**）。

写真 3-11　市民の利用する場としてよみがえったマージ川の運河

写真 3-12　再生されたマンチェスターのドック地域には、博物館や公園、レストラン、住宅などが立地している

●現代に生かす運河

　イギリスでは、余暇を楽しむ風潮が高まるなかで、運河をレジャーの場として利用する動きが活発化した。荒廃していた運河の修復が行われ、現在、イギリス全土の水路網の総延長は約3 000km に及ぶ（写真3-13）。この運河網をボートで旅するクルーズが、国内のみならず、海外からの観光客にも人気がある[5]。

　イギリスの運河は水路幅が比較的狭いため、そこを航行するボートも、ナローボートと呼ばれる幅が狭く細長い小舟である。もともとは石炭輸送に使われた船体をベースに、船内は台所やベッド、シャワーなどが設置され、快適な船旅ができるようになっている。貴重な土木遺産でもある水路上の閘門や跳ね橋などの開閉は、乗船者自らが行う（写真3-14）。河畔には、舟運時代に旅館を兼ねていたパブで休憩したり、フット・パス（またはトゥパス）と呼ばれる小径（昔、舟を馬がひいていた名残りの道）を散策できるようになっており、舟運

写真3-13　現在も使われているマンチェスターの運河

写真3-14　閘門とナローボート

時代の遺産が生かされている。

　なお、イギリスの運河の管理は、イギリス水路協会（BWW）という公営企業が行っているが、運河の維持管理には市民団体も積極的にかかわっており、運河周辺の清掃や護岸工事などを子どもたちに体験させるNGOなどもある。

　マンチェスターでは、1980年代には建物が廃虚と化し、ドックの水が汚染されていたマンチェスター・シップ・カナルのターミナルの再開発が行われた。河畔の土地は、住宅地やレストランなどの商業施設、博物館などに生まれ変わり、ヨットマリーナも設けられ、現在では市内で最もにぎやかで、魅力的なエリアになっている（写真3-15）。

　マージ川河口部のリバプールでも、水辺の倉庫群などを再生して、レストランやイベント施設などに利用する動きが盛んである。周辺にはユニークな博物館やギャラリーも多く、毎年7月には、マージ川の河畔でマージ・リバーサイド・フェスティバルが開かれている。2004年には、産業革命時代を象徴する場所として、舟運の拠点だったリバプール・ドックがユネスコの世界文化遺産に登録されている。また、ウォーター・フロントの伝統的建造物群など貴重な文化財が多い土地柄が評価されて、リバプールは2008年の欧州文化首都の開催地に選ばれている。同年は、ビートルズを生んだこのまちで、1年を通してさまざまなイベントが催される予定である。

　このように、マンチェスターやリバプールでは、運河や舟運に関する構造物の再生、再利用により、荒廃していた水辺空間が人の集まる場所として生まれ変わっているが、これは、「マージ川流域キャンペーン」の成果の1つである。

写真3-15　再開発されたマンチェスターの水辺（左：博物館、右：インフォメーション施設）

●マージ川流域キャンペーン

　マージ川の流域面積は約5 000km^{2}であり、比較的大きな川に相当する。産業革命時代以降の負の遺産として、マージ川流域は水系の水質汚染に長らく悩まされていた。さらに第二次世界大戦後はイギリス全体が産業の不振により経済的にも衰退し、イギリス病と呼ばれた時代もある。殊にマージ川流域の凋落ぶりは著しく、問題のある地域となっていた。しかし、1980年代のサッチャー政権の時代に、流域圏の水辺と経済の再興を目指した長期的な活動が始まった[1],[6],[7]。

　「マージ川流域キャンペーン」と呼ばれるこの活動は、1985年から2010年まで25年間の長きにわたる政府主導のパートナー・プログラムであり、行政・市民・市民団体・企業が参加して行われている（**図3-5**）。サッチャー政権下で環境大臣を務めたマイケル・ヘーゼルタインが、ヨーロッパで最も汚染されたマージ川は文明社会に対する不名誉だと述べたことが発端となり、国の音頭でこのキャンペーンが始まった。それから20年以上を経た今、その成果は如実に現れてきている。

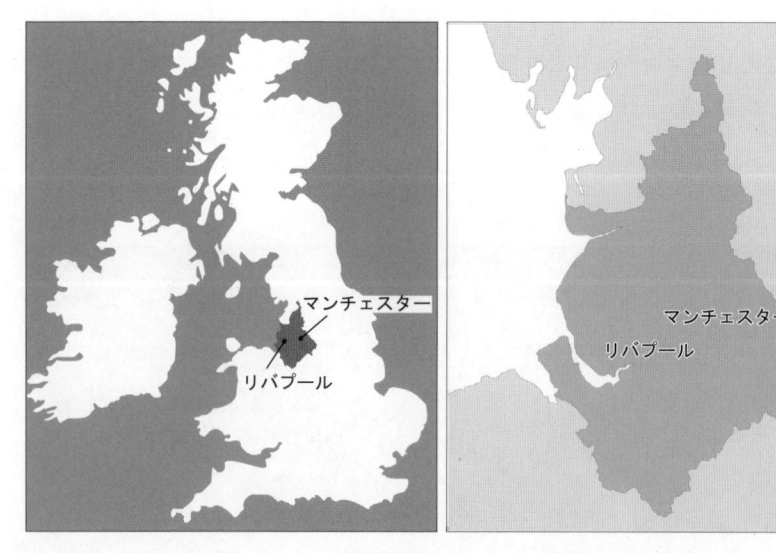

図3-5　マージ川流域キャンペーンの対象エリア

環境の再生と経済の復興を目指したマージ川流域キャンペーンには、いくつかの特筆すべき特徴がある。

　まず、活動の目標として、いわゆる固定的な計画を持たないとしていることである。これは、水系の再生という目標があまりにも大きいこともあって、従来の固定的な計画では長期的な活動にそぐわないことが多く、また、発展的な参加を妨げることも多いからであった。同キャンペーンでは、次の3つの目的のみを設定している。

* 水質を改善し、すべての川、運河に魚が棲めるようにする。1985年から2010年の25年間にその目的を達成する。
* ビジネスや住宅開発、ツーリズム、文化遺産、レクリエーション、野生生物の生息などに適した魅力的な水辺環境を形成する。
* 流域住民が身近な水辺の環境の価値をしっかり認識でき、しかもそれを大切にしようとする意識を高める。

　そして活動の方針は、パートナーシップ＝連携の精神に則っており、市民が行政に「要求」するのではなく、環境の改善や再生に「参加」を促すアプローチを取っている。これは、キャンペーンに参画する3つのセクター、すなわち、公的（行政）セクター、民間（企業）セクター、そして市民主体のボランタリー・セクターが、それぞれの問題点を指摘し対立するのではなく、それぞれのよさ、強みを発揮しあうアプローチである。

　このため、キャンペーンは次のような性格を備えている。

* 中立的立場をとっており、誰にも脅威を与えない。
* 市民と団体を連携できるフォーラムとして機能する。
* 機会（チャンス）を開拓できるネットワークを持つ。
* パートナーを励まし、事業能力を高めることで、具体的な結果を生み出せるようにする。
* 約束したことを実行する、信頼できる運動（キャンペーン）である。
* ほとんどの市民と団体が支援する、実現する価値がある活動である。
* マージ川環境再生運動の成功のシンボルとなっている。

　これらの方針のもとに、長い時間と多大なエネルギーを投入して取り組んだ結果、その成果が明確に表れてきている。

●行政・市民・企業をつなぐネットワーク

　マージ川流域キャンペーンの活動主体は、参加している多数の市民団体（NGO）、行政、企業であるが、後述するキャンペーン事務局を含む3つの非営利組織（NPO）が核となっている。参画する市民団体は、年々その数や内容が拡張しており、1997年2月の時点で約600のNGOが活動している。そのうち約250は、子どものいる学校関係である[6]（図3-6）。

　1985年当時の子どもは、キャンペーン終了時の25年後、2010年には30～40歳代となり、地域の経済発展と環境再生を担う主役となる。そこで同キャンペーンでは、マージ川流域のすべてを教材として学ぶための仕組みづくりを進めている。例えば、水系や流域のシステムなどを素材とする環境教育のプロジェクト案が学校から出されると、ほかのNGOや水道会社などの企業がその活動をサポートするといった仕組みである。

　イギリスの水道事業は民間会社が運営しており、流域にかかわる企業にはユニリーバ、シェルなどの多国籍企業も多い。水道などの公共性の高いセクションは公的セクターと民間セクターとの協働が欠かせないうえに、環境面だけでなく経済の持続可能性も流域再生の重要な課題である。水環境の改善により、経済が活性化されることが望ましい。民間企業が、マージ川流域キャンペーンに貢献した機関に授ける賞のスポンサーになったり、環境活動に貢献した企業

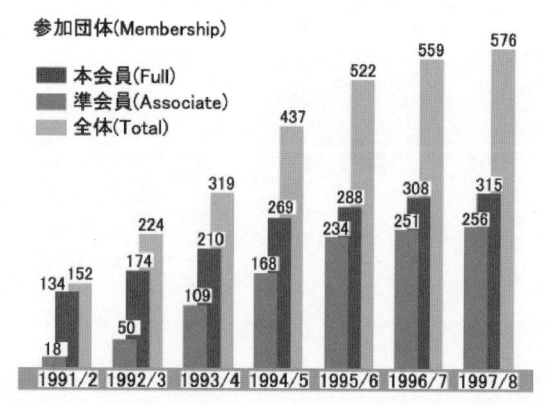

図3-6　マージ川流域キャンペーンにおける活動団体数の推移

を表彰するなど、地域に密着した企業の活動も見逃せない。

　キャンペーンの核となる3つのNPOは、マージ川流域キャンペーン事務局（1985年設立。キャンペーン全体のマネジメントなどを担当）、マージ川流域トラスト（1987年設立。キャンペーンに参画しているNGOとの連携により運営されているネットワーク組織）、マージ川流域ビジネス・ファンデーション（1992年設立。企業による専門知識の提供、財源の支援、産業界との連携を担当）であり、各々の活動をつなぐ役割を果たしている。

　マージ川流域キャンペーンは、年々活動が充実してきており、イギリス国内のみならず、EU内、さらに世界においても注目されてきている（1999年には第1回目のワールド・リバープライズを受賞）。産業革命以降200年にも及ぶ水系の水質汚染からの脱却、そして経済復興への歩みは、流域再生において勇気のわく先進事例となっている（図3-7、3-8、写真3-16、3-17。第1章写真1-48参照）。

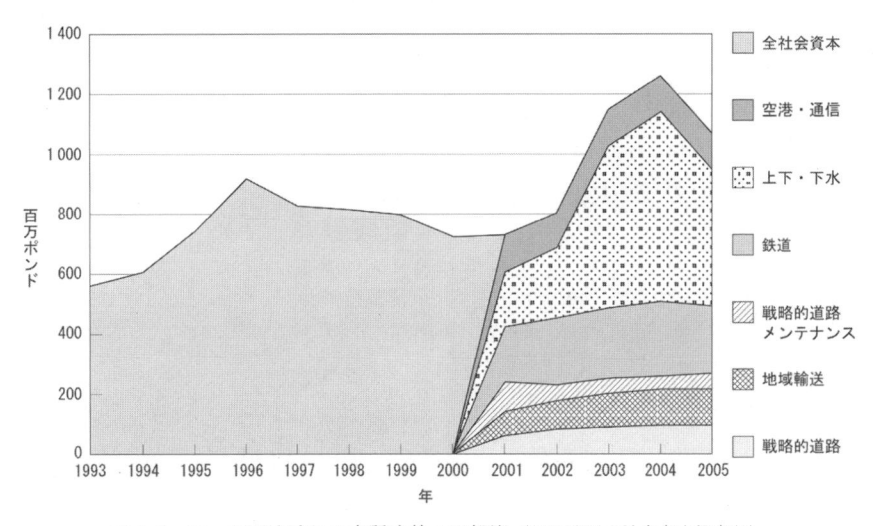

図3-7　マージ川流域での水質改善への投資（北西地区の社会資本投資額）

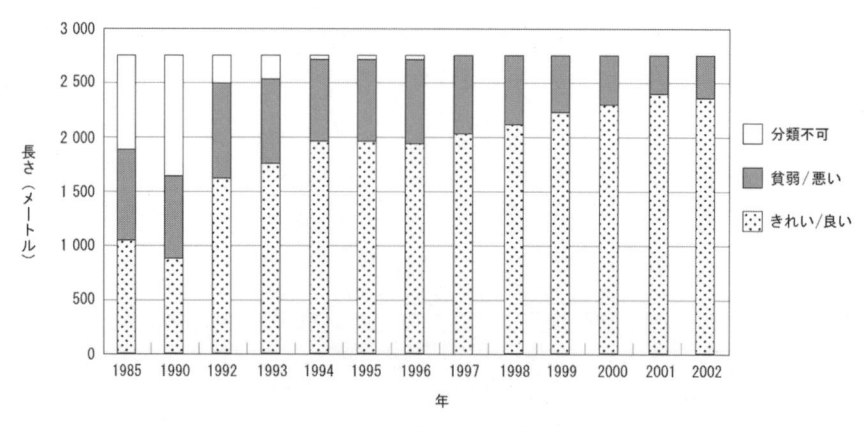

図 3-8　マージ川流域の水質の変化

写真 3-16　ボランティア活動の様子

写真 3-17　観光施設やレストランに再生されたリバプールのドック(左)と、海からみたリバプール(右)

●特徴と展望

　マージ川と運河マンチェスター・シップ・カナルなどは、産業革命以降、ヨーロッパで最も汚染され続けてきた水系であった。

　1980年代になって、その汚染された水系を再生し、経済を再興する活動が行政、民間企業、市民・市民団体により始められた。時がたつとともに時代にそぐわなくなるいわゆる固定的な目標は持たず、どこにでも生物が生息できる程度までに川や運河の水質を浄化するなどの大きな目標のみを設定し、行政、市民、流域の民間企業が連携し、ともに魅力的で経済的な価値もある水辺環境を再生するという活動を継続して実行してきた。活動に参加する個々の組織が自分たちにできることをできる範囲で確実に実施して、「魅力的な水辺をつくる」というコンセプトのもとに相互に影響し合い、それが好結果を生み出す仕組みをつくり上げ、実践してきたことに、このマージ川流域キャンペーンという活動の特徴がある。

　かつての汚染され、利用されなくなった内陸港湾地区は、再開発により、水辺に面した高級住宅や商業施設、博物館などが立地する地区（サルフォードやキーズ地区）になり、経済的にも価値をもたらしている。

　マージ川河口部のリバプールでも、歴史的なまちを生かすとともに河畔の港湾施設などが観光施設などに転用され、また新たな河畔の都市再生も行われている。

　このマージ川流域キャンペーンという行政、民間企業、市民・市民団体が連携しつつ行われてきた水系を再生し、水辺の都市再生などを中心として経済を再興するという継続した活動は、その成功した先進事例として参考とされてよい。

3 テキサス・サンアントニオ川

●ラテン的な面影を残したアメリカの聖地

　市街地の中心部（ダウンタウン）にサンアントニオ川が流れるアメリカ南部のサンアントニオ市は、川を生かした都市再生の事例として知られている。

　サンアントニオは、アメリカ合衆国テキサス州南部の都市で、同州最大の都市ヒューストンの西方約300kmに位置する（図3-9）。鹿児島県の奄美大島とほぼ同緯度で亜熱帯気候に属するが、砂漠地帯にあり、年間降水量は平均680mm余りと日本の約3分の1しかない（奄美大島は2 800〜3 000mm）。しかし、メキシコ湾に発生する熱帯低気圧（ハリケーン）の影響を受けて夏季には豪雨となり、大規模な洪水に度々見舞われてきた土地でもある。

　テキサス州は、かつてはスペインの植民地だったメキシコの領地であった。1718年にスペイン宣教師が布教のためにサンアントニオ川の近くに建造した僧院サンアントニオ・デ・バレロ（通称アラモ砦）をはじめとする宗教施設などが、サンアントニオの都市形成の基盤となっている。1836年、メキシコからのテキサス独立を求めた180人余のテキサス人部隊が、3 000人とも5 000人ともいわれるメキシコ軍を相手に戦った。西部開拓で伝説的ヒーローとなったデーヴィ・クロケットをはじめとするテキサス軍兵士は、約2週間にわたりアラモ砦に立て籠って戦った

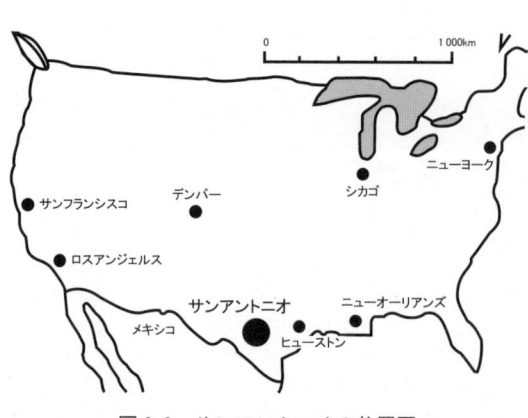

図3-9　サンアントニオの位置図

が、全員が戦死した。彼らのこの英雄的行為により、アラモ砦やサンアントニオは、アメリカ人にとっての聖地となっている（写真 3-18）。

南北戦争後の 1877 年に鉄道が開通すると、サンアントニオには西部各地から牧畜牛が集まるようになり、牛の取引中心地として発展した。映画に出てくるようなカウボーイや山師が集まる典型的な西部の町として栄えた。なお、もともとスペイン移民により建設されたサンアントニオは、今でもスペイン・メキシコ系住民が約 4 割を占めており、まち並みもラテン的な雰囲気をとどめている。

現在、人口約 119 万人（2000 年推計）を擁するサンアントニオは、年間 1 000 万人以上の観光客が訪れる全米有数の国際観光都市である。アメリカ人なら誰もが知っている史跡アラモ砦のほか、2 万 5 000 人を収容できる大規模なコンベンションセンターを持ち、国際会議都市としても発展している。特に、サンアントニオの中心にあり、水と緑と異国情緒溢れるまち並みを満喫できる都心部（ダウンタウン）の河畔の遊歩道（リバー・ウォーク）が、この都市の大きな魅力となっている（写真 3-19）。

写真 3-18　アメリカ市民の聖地となっているアラモ砦

写真 3-19　サンアントニオ川の風景

写真 3-20　サンアントニオ川のリバー・ウォーク

写真 3-21　サンアントニオ川の舟運

〜 3-21)。1982 年にはレーガン大統領によって「全米モデル都市」に指定された。

●若い技術者の構想

　サンアントニオ川のリバー・ウォーク整備は 1930 年代にさかのぼり、それ

までの洪水対策としての治水事業の延長線上に登場したものであった。

　1921年9月、熱帯低気圧による集中豪雨で、サンアントニオ川の水は都心部を襲い、街路の水深は2.4～2.7mにも及んだ。この氾濫により、少なくとも50人以上が行方不明となり、市民の資産も甚大な被害を受けた。このため市当局はコンサルタント会社に洪水対策案を求めた。コンサルタント会社からは、川の上流に洪水調節のダムを建設する、蛇行する川の直線化と川の拡幅を行う、馬蹄形に大きく湾曲している場所を埋め立てて道路とするなどの案が提出された。これらの案に対し、ダム建設と川の直線化および拡幅については市民の反対もなく実施され、1927年には上流にオルモス・ダムが築造されている。

　しかし、大湾曲部の埋め立てによる道路建設の計画については、「親しみのある曲がりくねったサンアントニオ川」を洪水対策という目的のためだけに直線にして埋め立ててしまうことに反対する声が婦人団体をはじめとする市民の間から上がった。

　ちょうどそのころ、テキサス大学出身の若い建築家ロバート・H・ハグマンが、ニューオーリンズで数年を過ごした後、生まれ故郷のサンアントニオに戻ってきていた。ニューオーリンズのビューカレー地区の保存事業を目の当たりにして深い感銘を受けていたハグマンは、ニューオーリンズのようにサンアントニオの歴史的環境を保全したいという考えを抱いていた。

　1929年、ハグマンは、サンアントニオ川の魅力をそのまま生かした都市開発計画を提唱した。すなわち、大湾曲部の手前で下流に水を流すショートカットによるバイパス水路の建設に賛同したうえで、このバイパス水路の上流側と下流側に水位調節のための水門を設けること、そして残された大湾曲部の両岸にはリバー・ウォークを設け、その周囲にスペインの古いまち並みをコンセプトにした商店やレストラン、アパートなどを配置するという構想である（図3-10）。この構想は、サンアントニオ保全協会会長であったレーン・テーラー夫人らをはじめとする多くの市民の支持を得て、河川の埋め立てを求めていた地元ビジネス界の人々も同意して、実現に漕ぎ着けた。

　しかしながら、この整備事業が行われた1930年代中ごろは、大恐慌の不況の時代であり、整備のための資金確保には苦労があった。リバー・ウォークの

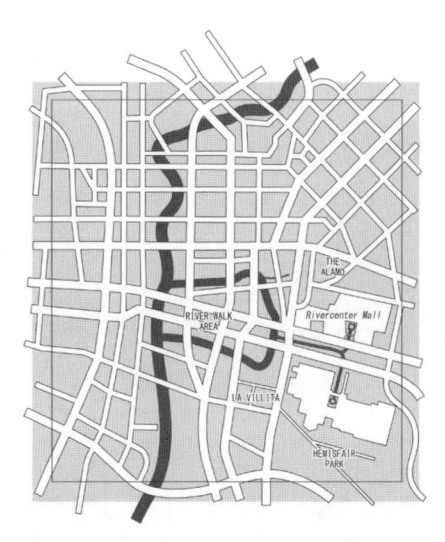

図 3-10　サンアントニオ都心部（ダウンタウンで大きく蛇行していたサンアントニオ川のショートカット）

建設に実質的に着手できたのは 1938 年のことである。ハグマンは、資金づくりや説得工作に奔走する一方、水門の水位コントロールや柵を設けない親水性の高いリバー・ウォークのあり方を研究し、リバー・ウォークの敷石については、工事中に知人の女性にさまざまな形の靴を履かせてテストし、ハイヒールでも十分散策できるような舗道を目指した。

ハグマンや市当局、そして多くの技術者や市民の努力により、この整備事業は 1941 年 3 月に一応の完成をみた。

●川の再生・第二のステップ

このようにして整備されたサンアントニオ川であったが、第二次世界大戦の勃発や都心人口の減少などにより、リバー・ウォークは長いこと人々の関心から遠ざかることとなった。川の整備や美化活動も行われなくなり、夜間は治安上の問題もあって一時は危険地域に指定されていた。

その後、1950 年代後半から 1960 年代前半にかけて、地元商工会議所や市職員らの先導によって、リバー・ウォークは再び注目されることになった。1963 年には、全米建築学会サンアントニオ支部の提案によるリバー・ウォーク再生のマスタープラン「パセオ・デル・リオ（Roseo del Rio、River Walk、川の遊歩道）」が採択され、市は市街地再生に乗り出した。このマスタープランは、ハグマンの構想を受け継いだものである。翌年には、リバー・ウォーク沿いの不動産所有者と事業主からなるボランティア団体パセオ・デル・リオ協会が設立され、リバー・ウォークの利用促進が図られることになった（写真 3-22、3-23）。

このような行政、市民、企業（事業者）の努力により、川には新たにアーチ

写真 3-22　リバー・ウォークを散策する人々（ショートカット後、残された大湾曲部）

写真 3-23　舟運と散策する人々でにぎわうリバー・ウォーク
（ショートカット後、残された大湾曲部）

　型の橋や水辺への降り口などが多数設けられた。また、1968年には湾曲部のループの先端に、川から外側に向かう新たな水路を開削して、そこにさまざまなレストランやショップが入ったリバーセンターモールも設けられた。そして、同年に開かれた「ヘミス・フェア」という万国博覧会の開催を機に、河畔には多くのホテルが建ち、1975年には、コンベンションセンターの建設もなされた。リバー・ウォークは、このような事業に合せて河畔の樹木も整備され、活気あふれる場所となった（写真 3-24〜3-26）。

　1978年には、かつてハグマンが提案していたイベント広場が、アーネソン・リバー劇場として完成した。その劇場の前には、ハグマンを顕彰する5つの鐘が取り付けられている。

　現在、旧河道である湾曲部のリバー・ウォークの延長は約800mで、水路に

写真 3-24　リバー・ウォークを散策する人々（新たに水路を設けた部分）

写真 3-25　大湾曲部からさらに水路を掘り込み、その先に設けられたリバーセンターモール
（レストランや高級ショップが営業している）

写真 3-26　リバー・ウォークに立地しているレストラン

沿って水面より 20 〜 30cm の高さに遊歩道がある。水面との段差が小さいので、歩行者に恐怖感を抱かせることはない。そのため川に柵は設置されていない。都心にありながら車や信号に気遣うことなく水と緑を楽しめるリバー・ウォークや水辺のレストランがあり、水面では底の浅い屋根なしの遊覧船が行

き交う風景が創出されたサンアントニオは、「アメリカのヴェネチア」としてにぎわっている。そしてこのパセル・デル・リオは、その独創的なデザインで世界に知られ、アメリカやカナダのさまざまな都市の開発に影響を与えている。

なお、サンアントニオ川の治水事業は 1920 年代に大々的に行われたが、その後もこの都市は水害の問題に悩まされていた。1980 年代になって、都心部の地下に放水路を設け、洪水流はこの地下トンネルを使って下流に流すようになり、治水上の安全性が高まった（図 3-11、写真 3-27、3-28）。

このようにサンアントニオでは、治水対策を講じつつ、周辺の都市整備とも連動させて、ヒューマンスケールの川づくりを進めてきた。小さな水辺でも人々の熱意と工夫次第で豊かな都市空間に生まれ変わり、国内外から人々を呼び寄せることができることを、このまちの取り組みは教えてくれる（写真 3-29）。

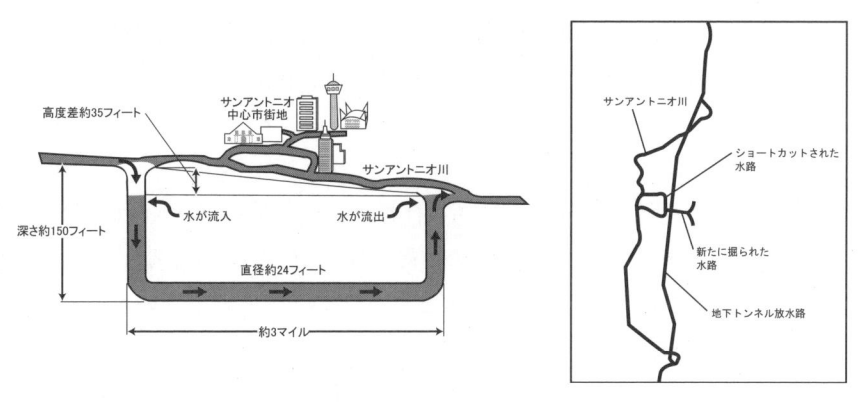

図 3-11　サンアントニオ川の地下放水路の概念図

写真 3-27　サンアントニオ川の地下放水路の上流側の呑み口

写真 3-28　サンアントニオ川の地下放水路の下流側の排出口

写真3-29　アーチ型の橋と観光船

●特徴と展望

　都市の中の河川は洪水氾濫の危険を含み、時として市民生活の邪魔者となり、また交通を阻害するものとして排除されることがある。サンアントニオ川は、乾燥地を流れる川であるが、水害の問題をしばしば引き起こしてきた。その水害対策として、洪水の流下能力を高めるための蛇行した川の直線化、上流へのダムの建設という対策が20世紀初頭に行われた。それにより生まれた蛇行した河川区間は、埋め立てて道路などの都市空間に転用することが議論された。

　しかし、治水計画の実行により不要となった2kmにも満たない蛇行区間の河川敷地にリバー・ウォークを設け、緑の空間をつくり、河川舟運を起こすことにより、世界にも類をみないにぎわいのある水辺とし、都市の顔として観光の中心とした。周辺の歴史的なアラモ砦などとも一体となって、これほど短い区間の川に、年間約1000万人も観光客が訪れる。

　その後サンアントニオ川は、さらに洪水問題に対応するために地下にトンネル放水路を新たに設けて水害を防いでいる。そして、すでに利用されてきた蛇行した区間の河川敷地に加えて、新たに水路が掘られ、その区間にもリバー・ウォークとともに集客能力の高い建物も立地し、周辺に整備された会議場などとも連携して利用されるようになっている。これらのことも、リバー・ウォークの整備でにぎわうサンアントニオ川の背景として知られてよいであろう。

4 ロンドン・テームズ川と運河

●ローマ人が築いた河港都市

　イングランド南東部に位置するイギリスの首都ロンドンの歴史は、テームズ川とともにある（写真3-30、3-31）。ロンドンは、このイギリス最大の川の河口部（エスチュアリー）から60km余りさかのぼった両岸に開けた都市で、古代ローマ帝国の時代にはロンディニウムと呼ばれていた。貿易と金融を軸として繁栄した18世紀以降、今日に至るまで、国際的な政治、経済、文化の中心地の一つとなっている。現在ロンドンは、約720万人（2001年）の都市圏人口を擁する。

　テームズ川の総延長は346km、流域面積は1万3 600km^{2}で、およそ日本の信濃川と同規模の大河川である。イングランド南西部のコッツウォルズ丘陵に源を発したテームズ川は、西から東へとイングランド南部を貫流し、ロンドン盆地を経て北海に注ぐ（図3-12）。水源地域の標高は110mしかなく、河口から90kmまで感潮区域という勾配が緩やかな川であるため、古くから船による交通、輸送が発達していた（写真3-32）。ロンドンからテームズ川をさかのぼったオックスフォードは、イギリス最古の大学、オックスフォード大学で知られ、

写真3-30　ロンドンのまち並みとテームズ川

上流域の交易中心地であった。

　テームズ川は、カエサル（ジュリアス・シーザー）の『ガリア戦記』に「タメシス」と記されている。カエサルは、当時グレート・ブリテン島に住んでいたブリトン人征服のために、紀元前55年と54年の二度にわたり海峡を越えている。それから約1世紀を経て、ブリタニア（今日のイギリス）を征服したローマ帝国は、テームズ川北岸に植民地ロンディニウムを建設した。これが都市の始まりである（パリやケルンなどと同様に都市の始まりはローマ人によっている）。ローマの支配下、やがてテームズ川にロンドン橋が架けられ、河港や道路網の整備が進み、都市が形成されていった。3世紀に入るとローマ帝国の崩壊によってローマ人はブリテン島を去り、アングロ・サクソン人がこの地を支配するようになる。そ

写真 3-31　テームズ河畔の風景

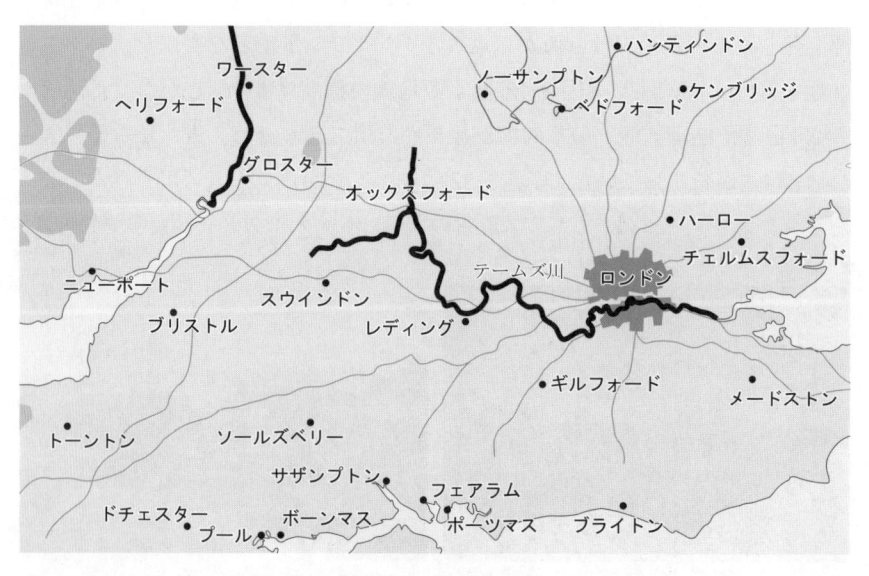

図 3-12　テームズ川流域図（源流域から河口まで）

写真 3-32　テームズ川を行き来する船

の後ロンドンは、バイキングやデーン人などの侵略を受けた時代もあるが、テームズ川の河港は国際的な交易で栄え、造船業も盛んとなった。アジア貿易で富を得た東インド会社の商船も、テームズ河畔の造船所でつくられている[11]。

●上水道と下水道

「2 マンチェスター・マージ川と運河」の項でも述べたように、イギリスは産業革命発祥の国である（図3-13）。イギリスの河川の多くは、18世紀以降の産業革命の進展に伴い汚染された。テームズ川もその例外ではなく、工場からの排水や人口の増加に伴う生活排水などで、川や運河は汚れきっていた。ロンドン市民の飲料水は、かつては近郊のテームズ川上流の支流の水や井戸水が使われ、それを売る商売が発達するが、18世紀にはそれらの水も汚染されていた。

図 3-13　産業革命後（1820年ごろ）のロンドンの風景

当時、増え続ける都市人口に対処するには、直接テームズ川の水を供給せざるを得なかった。1800年ごろ、ロンドンの水の半分は、給水会社によりテームズ川から取水したものだった。テームズ川で最後のサケが獲れてから約20年後の1850年には、ロンドンとその郊外の住民に供給されていた水には、これ以上入り込めないほどの微生物がいたという。そのころ、コレラがたびたび流行していたため、給水会社に水質改善を義務づける法律が制定されている。

　こうした状況のなか、ロンドンでは現代につながる上水道システムや下水道システムが導入されている。1830年、河川から取水した水を沈澱池や砂を敷き詰めたろ過池に通して浄化する緩速ろ過方式による浄水処理が開発され、この方法は今日の上水道の基礎になっている。また、ロンドンでは16世紀ごろから雨水と生活排水を一緒にテームズ川に流す下水道が徐々に建設されていたが、19世紀になると水洗トイレの普及もあいまって、下水放流口と水道原水取水口がテームズ川に混在する状況が、衛生上大きな問題となった（当時、すべての給水会社が前述のろ過システムを導入していたわけではない）[13]。

　そこで行われたのが、上水道と下水道の分離である。すなわち、水道原水の取水口は上流側に移動させ、屎尿などを含む汚水は、近くの河川や公共用水域に放流せずに下流まで運び、放流して希釈することにした。今日のように汚水を集めて処理する下水道ではないが、イギリス方式と呼ばれるこのシステムは1848年に導入された。この方式は、イギリスの影響を受けたボストンや香港などの都市でもみられる。

　しかしながら、その後も長い間テームズ川の汚染は続いた。最も汚染が激しかったころ、テームズ河畔の国会議事堂では悪臭のために審議を行えない日もあった（**写真 3-33**）。この川の浄化が本格的に進められたのは20世紀半ば以降である。

写真 3-33　国会議事堂付近のテームズ川

●水辺を生かした都市再生

　産業革命の進展により、イギリスでは水系の汚染のみならず、大気汚染も深刻化し、ロンドン都市部の住環境は悪化した。

　最初に行われた都市計画は、都市の膨張に対応して、緑地（公園、河川、湖沼、都市林などを含む）と並木のある広幅員道路（パークウェイ、ブールヴァール）のネットワークを都市形成の基盤としたものであった。この都市基盤整備の手法はパークシステムと呼ばれている。このような手法で都市整備が進められたロンドンでは、1851年に世界初の万国博覧会が開催された。当時のロンドンは、都市再生、都市整備のモデルとして、パリやウィーン、ブダペストなどの大陸の都市やアメリカなどの都市に影響を与えた。

　テームズ川をはじめとする河川の両岸は、工場や港湾施設などに占有され、川へのパブリックアクセスは存在しなかった。このような状況のもと、ロンドンでは1930年代にテームズ川の広域計画が策定され、第二次世界大戦後の戦災復興計画を経て、現在のドックランド・プロジェクトに至るまで、一貫して水辺空間と都市空間をつなぐ政策を展開している。

　1980年代にそれまでの低迷したイギリス経済の立て直しと小さい政府を目指すサッチャー政権は、民営化などを軸とした政策に転換した。それにより1986年に大ロンドン市を廃止した。その後、ロンドンは移民を中心に急速に人口が増大し、都市環境が悪化するとともに、再び雇用機会の喪失や教育への投資の低減など、社会が低迷する時代となった。

　2004年2月には、新たに総合的な都市計画と政策目標が「ロンドンプラン」として発表された。このロンドンプランは、市街地中心部での公共交通や住宅投資を積極的に行い、雇用機会を増大させ、グリーンベルトの確保や美しい都市環境の創造の枠組みを示すものであった。

　このロンドンプランにはロンドン市当局による水辺戦略都市計画となるテームズ川の再生が挙げられている。そこでは、市内の川や運河、湖などの水辺を「ブルーリボンネットワーク」として、水上交通、レジャー・観光、水運業界の潜在的能力を高めるため、次の目標を掲げている。

* 舟運による貨客輸送、観光、レクリエーションの促進
* 河川沿岸の歴史的建造物に配慮した景観形成
* 水辺を含めた価値あるオープンスペースの形成
* 生物多様性の保護と強化を尊重した水辺空間の開発利用
* 異常気象にも対応する総合的治水対策
* 持続可能な都市排水の促進
* 上水道の持続可能な信頼性の確保
* 高度処理を含めた下水道基礎構造の提供

　ブルーリボンネットワークは、河川や運河の活用を図りつつ、自然と人工物を組み合わせて自然を再生するというコンセプトのもとに、水面や水辺に十分な配慮を持って開発する方針を示し、ネットワークすることによりロンドンをより豊かで魅力ある都市にしようと目標を定めたものである。
　これらの目標に沿って、国、県、市のさまざまな部局が協力して事業を実施している（写真 3-34、3-35）。
　テームズ川には、舟運の時代から今日に至るまで、川沿いを歩けるフット・パス（リバー・ウォーク）が引き継がれている。ウェストミンスター寺院付近のビクトリア・エンバンクメント（土手）には、河畔公園とフット・パスが整備され、市民が川にアクセスしやすくなった。また、かつての河港のドック地域や荷揚場などが、住宅地やレストランとして再開発されている。
　近年、ハイドパーク北側のグランドユニオン運河に近いパディントン駅付近の水辺再生が注目される。パディントン駅の裏手のエリアは、かつて市内で最大級の運河港だったが、長い間荒れ果てたままになっていた。そこに新たに運

写真 3-34　ナローボートや観光船が行き交うテームズ川

写真 3-35　ロンドン市内の運河

写真 3-36　パディントン駅周辺（新たに運河をつくりながら再開発が行われた）

河を引き込んで、河畔には新しいオフィスビルやレストランなどが設けられ、人の集まる場所に生まれ変わった（写真 3-36）。

●特徴と展望

　テームズ川の流れるロンドンは、産業革命以降、世界でも最も先進的に都市をつくってきたことで知られてよい都市である。汚染された川から水を得るために今日にもつながる上水道を整備し水質を浄化した。さらには家庭や工場などの都市からの汚染された排水を河川の下流に導いて放流するという下水道（当時は下水の汚水は処理しないで河川の希釈容量内で薄めるとの考えであった）がこの都市で始まった。

　都市計画という面でも、ロンドンは常に先進的であり、都市の肺としての大規模な公園を整備し、樹木のある広幅員の道路を設けて都市の骨格を形成してきた。また、ロンドンの中心地のウェストミンスター地区に近接したテームズ川の河畔では、それまでは市民が立ち入ることができなかったところに、河畔

公園を設けて水辺を市民に開放してきた。

　テームズ川は20世紀後半まで汚染され続けてきたが、その水質も徐々に改善されてきた。また、この都市はドーバー海峡からの高潮により水害の危険性があるが、その高潮の災害を、ロンドン下流のグリニッジ付近に高潮災害を防ぐための防潮水門（テームズ・バリアー）を設けて防いでいる。このため、隅田川などのように河川堤防で高潮災害を防いでいるのではないため、河畔に堤防がなく、まちと川とが近接している。

　テームズ川は産業革命以降、内陸舟運の動脈であったが、今日でも観光舟運が盛んであり、この舟運が都市と川とを結びつけている。この舟運の歴史とも関係している川沿いのリバー・ウォーク（ロンドンではフット・パスと呼ばれている）は、今日でも生かされている。水辺のにぎわいに関係して、20世紀から21世紀に向けて、川を横断する人道橋（ミレニアム・ブリッジ）が建設されるとともに、フット・パスのさらなる整備も進められている。

　テームズ川河畔では、都市計画により川に近いところには高い建物を建てることを禁止しており、川と河畔の地区は空が開かれ、川が都市の軸となる空間となっている。このように都市計画の面でも、ロンドンは注目されてよい。

　20世紀後半からは、かつて内陸舟運を支えてきた地区（ドッグランド）が再開発されロンドンの副都心となった。その周辺の水辺の港湾施設なども住宅やレストランなどの商業施設に再開発され、水辺の再生がなされている。これにより、川を生かした都市としてのロンドンはさらにその魅力を高めている。

　また、ロンドン市内では、運河が今日でも観光やレクリエーションなどに生かされており、その運河にはフット・パスがあり、散策などにも利用されている。そして、パディントン駅周辺では、新たに運河を新設して水辺の都市再生を行っている。これらのことも知られてよいであろう。

5 パリ・セーヌ川と運河

●シテ島からの発展

　フランスの首都パリは、セーヌ川の河畔から発展してきた都市である。全長776kmのセーヌ川はフランス第三の長流で、パリ盆地南東部のラングル高原に源を発し、広大なパリ盆地を貫流してイギリス海峡に注ぐ。パリは河口から直線距離にして約170kmさかのぼったところに位置しており、セーヌ川とその支流は古くから水上交通路として利用されてきた（**写真3-37**。第1章**写真1-38**参照）。

　都市としてのパリの歴史は、古代ローマ人がセーヌ川の川中島であるシテ島に都市壁を築き、ローマ帝国の出先拠点としたことに始まる。紀元前50年代にカエサルがガリア地方（現在のフランス全域およびその周辺）を征服し、ローマの植民地となる以前、シテ島にはケルト系のパリシイ族が住んでいた。彼らは金貨鋳造などの技術に長け、セーヌ川によって交易していたとされるが、ローマ軍の侵入によりこの島を放棄した。ローマ人はこの地を当時ルテティアと称したが、パリの名はパリシイに由来する。

写真3-37　セーヌ川を行き来する観光船

写真 3-38　シテ島付近のセーヌ川の風景

写真 3-39　シテ島のシンボル、ノートルダム寺院

　ローマ人はシテ島を中心に街路、劇場、浴場などを整備した。また、セーヌ川の水は飲用としては敬遠され、10km以上離れた丘陵地から泉水を導水する水道が設けられた。このようにローマ人により整備された都市は、やがてゲルマン人移動の影響を受けたフランク族、アラマン族の侵入により破壊された。
　中世以降のパリの発展においても、その中心はシテ島であった（写真 3-38）。シテ島のシンボル、ノートルダム寺院は5世紀ごろから建造されていたが、現在の壮麗なゴシック様式の建物が姿を現したのは13～14世紀ごろである（写真 3-39）。1604年にはシテ島北端部にポン・ヌフ（新橋）が架けられた。

●上水道と下水道

　パリでは長い間、郊外の丘陵地より泉水を導水して飲用に供していたが、膨張する都市においてはそれにも限度があった。1608年にはポン・ヌフに水車を取り付けてセーヌ川の水を汲み上げることになり、パリの飲料水は次第にセーヌ川が頼りとなった。1700年代にはセーヌ右岸に大環状下水道が築造されたが、その放流口の近くでは飲料水の揚水が行われていた。

　また、過密化が進むパリでは、汲み取り式の共同トイレは不足しがちで、市民はもっぱらオマル（便器）を愛用しており、日が暮れると窓から「ギャルデ・ロー（水に注意）」と叫んで、街路に設けられた排水溝に汚物を投下する光景がみられたという。パリの街角には悪臭が漂い、セーヌ川の汚染も進んだ。

　フランス革命後、皇帝となったナポレオン1世は、水事情の改善に努めた。1811年にはセーヌ川に合流するマルヌ川の支流ウルク川から飲料水を導水するウルク運河を完成させたが、ナポレオンの没落後、船の航行が始まり、この運河も汚染された[15]。

　産業革命により都市化に拍車がかかり、生活環境の悪化が進んでいたパリの抜本的な改革が行われたのは、1848年の二月革命後に成立した第二帝政の時代である。ナポレオン3世に任命されたセーヌ県知事オスマンは、パリの大改造に着手した。ちょうど1851年にロンドンで世界初の万国博覧会が開かれており、その後行われたパリの大改造では、ロンドンの都市計画や都市整備の影響も受けている。オスマンは、シテ島の貧民街を一掃し、街区を整理するとともに、パリの中心を東西および南北に貫通する大通りや、広場を中心とした放射状の道路などを建設した。シャンゼリゼ通りに代表される道幅が広く並木のある大通り（ブールヴァール）に建物が整然と並ぶパリのまち並みと景観は、今に受け継がれている（写真3-40）。

　パリの大改造では、当時コレラが流行していたこともあり、上水道や下水道の整備も重要な課題であった。上水道は、パリから約160km離れた川や泉などから導水し、途中には水道橋やサイフォン橋が架けられた。これによりパリ市民の飲料水を十分賄えるようになり、ウルク運河の水は雑用水に使われた。また、セーヌ川の両岸に沿って大規模な下水道を建設し、汚水はこの下水道を

写真 3-40　シャンゼリゼ大通りに代表されるブールヴァールがあり、建物の高さが統一されたパリのまち並み

通じて市外のセーヌ川下流で放流するようにした。当初、屎尿は下水道に受け入れない建て前だったが、セーヌ川下流部には荒れた砂地があったため、ここで屎尿を含む下水の灌漑処理実験を行ったところ、汚泥は残らず浄化され、荒れた砂地は肥沃な野菜畑になった。そこで市では屎尿の受け入れを正式に容認し、後には水洗トイレの使用を義務づけた。汚水を農地に還元し、土壌微生物の働きによって下水処理する方法は、今日の微生物による下水処理システムにつながるものである。

●都市の軸となっているセーヌ川

　セーヌ川の河岸は同一の材料で築造されているため、人工的ではあるが、都市を貫く広く連続した水辺空間が形成され、好ましい都市景観となっている。水際のリバー・ウォークや河畔の並木や緑地帯は、市民の憩いの場である。1991年には、ノートルダム寺院やシャイヨー宮、ブルボン宮、凱旋門などを含む約5kmのセーヌ河畔が世界文化遺産に指定された。
　フランスでは、17〜19世紀にかけて各地で運河が建設された。それらの運河は生きた文化遺産として今なお観光やレジャーに活用されている[5]。パリのサン・マルタン運河も例外ではない。全長5km足らずのこの運河は、ウルク運河に連なるラ・ヴィレット運河とセーヌ川とを結んでおり、19世紀半ばに開通した。運河の一部は地下水路となっている。1970年代初めに4車線の都市高速道路を建設するために運河を埋め立てる計画が持ち上がり、姿を消すと

ころであった。しかし、後のポンピドゥーセンター創設に意を注いだポンピドゥー大統領の時代、その計画は見直された。今ではサン・マルタン運河クルーズも人気があり、運河の周辺は公園として整備されている（写真 3-41）。

　シテ島付近ではセーヌ川の中に高速道路が設けられている。セーヌ川では冬季に洪水が発生するが、この道路が冠水するとパリの交通渋滞はさらにひどくなる（写真 3-42、3-43）。近年は、パリ市長の発案により、夏のヴァカンスシーズンにこの道路の車の通行を止め、道路に人工的なビーチを造成して市民に開放している。これはパリ・プラージュと呼ばれ、今ではセーヌ河畔の夏の風物詩となっている。毎年 4 億円弱もの予算（約 60% はスポンサー出資）を投じて、セーヌ河畔に人工の海水浴場を出現させているのだが、ヴァカンスに出かけられないパリ市民にとっては浜辺のレジャーを楽しめる場となっており、2006 年には 350 万人が訪れている（写真 3-44）。さらに、このパリ・プラージュは、フランスの他都市やベルリン、ブリュッセル、プラハなど国外の都市にも広が

写真 3-41　サン・マルタン運河とまち並み 　　写真 3-42　セーヌ川の洪水時（冬季）

写真 3-43　セーヌ川の中を走る高速道路

写真 3-44　セーヌ河畔の夏の風物詩となった人工ビーチ（パリ・プラージュ）

写真 3-45　まちと一体化したセーヌ河岸

りをみせている。

　セーヌ川では、パリのまち並みと調和した舟運、観光がごく自然な状態で組み込まれており、定期航路を持つ遊覧船が観光客を運んでいる。川の両岸に並ぶ歴史的建造物は河岸の造形と相まって、良好な水辺景観を創出している。川からみえる歴史的建造物のスカイラインが高層ビルによって阻害されないようにコントロールもされている。観光客は、このようなセーヌ川からの視点でパリのまちを眺めることになる。

このようにセーヌ川はパリの魅力を高めている（**写真 3-45**）。

●特徴と展望

　パリの代名詞であるセーヌ川は、パリの都市生活を根底で支える川である。ある時は膨張するパリ市民の飲み水となり、またある時はパリのまちの排水路でもあった。工業化、都市化の進展とともに汚染されたセーヌ川などの水質を改善するため、汚水を集めて処理して放流する下水道はこの都市で誕生した。

　現在では下水道も整備され、汚水排水が規制されてセーヌ川の水質改善も進み、良好な水質の水が流れるセーヌ川は、パリの中央部を貫流し、パリ観光の中心の一つとなっている。

　パリは、ロンドンの万国博覧会の影響も受けて、ナポレオンの指導のもとに、オスマン長官のリードによりまちの大改造が行われた。放射状の樹木のある広幅員道路（ブールヴァール）と併せて、セーヌ川の空間はまちの軸となっている。川の中のリバー・ウォークや河畔の通路と並木、そして河川舟運は、パリという都市を、川のある都市として装っている。

　前述のように、セーヌ川の中には一部区間で高速道路が建設されているが、近年、この高速道路は夏季に閉鎖され、その空間にビーチを仮設的に設けて市民に提供するようになっている。いずれは、この川の中の高速道路の撤去も議論されてよいであろう。また、東京の都心環状線でも、このような一時的、社会実験的な閉鎖も検討されてよい。

　パリのセーヌ川は、都市の骨格を形成し、市民やパリを訪れる膨大な数の観光客にも利用されている。セーヌ川は、ロンドンのテームズ川とともに、都市整備の努力により、良好な空間として都市の骨格を形成している川として参考にされてよい。

6 ケルン、デュッセルドルフ・ライン川

●「父なるライン」とともに歩む都市

　ドイツ西部のケルンとデュッセルドルフは、ともにライン川下流部に発展してきた都市である。ライン川は、アルプスに源を発して北海に注ぐ中部ヨーロッパを貫く国際河川で、河口付近のオランダ・ロッテルダムはヨーロッパ最大の港である。ライン川の全長は1 320km、流域面積は最下流域のデルタ地帯を含めると22万4 400km^2 にも及ぶ。ドイツでは古来、「母なるドナウ」に対して「父なるライン」と呼ばれて親しまれてきた（図3-14）。

　ライン川の舟運は、古代ローマ帝国時代以前より行われていたが、ローマの支配下に置かれてからは、ガリア遠征と統治の必要からますます盛んとなった。ケルンの地名は、植民地を意味するラテン語のコロニア（英語ではコロニー）に由来している。その名のとおり、紀元1世紀後半ごろ、ローマ人がライン左

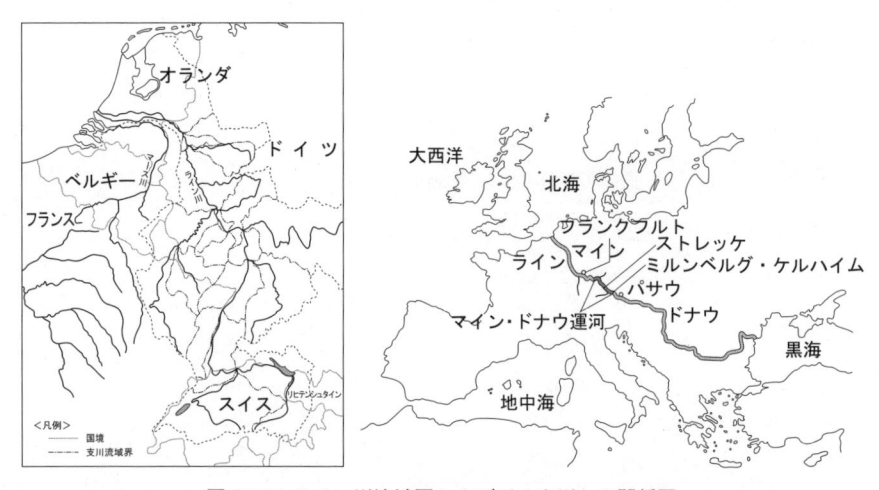

図3-14　ライン川流域図およびドナウ川との関係図

岸沿いの丘陵地に都市壁を築いて植民地としたことが、都市としてのケルンの始まりである。ケルンは、ライン川下流域の水陸交通の十字路にあたっていたため、商工業者の来住も多く、4世紀初頭には右岸の町との間に橋が架けられている。その後のゲルマン民族の大移動の時代、まちは荒廃し、橋が破壊されたりしたが、9世紀末にはケルン大司教区を本拠地として、まちは建て直された（写真3-46）。

10世紀になると、ライン河岸（ライン川と都市壁の間の沼沢地）に商人の定住区がつくられた。ライン川はケルン付近で水深が変化するため、上流、下流のどちらへ行くにしても、ここで荷の積み替えが必要となり、必然的に水運の要衝となった。ケルンではやがて、積み替えの合間に商品をいったん陸揚げして売る「先買権」が定着し、ライン川沿いのほかの都市では残り物しか手に入らないほどだったという。また、マインツやバーゼルなどのほかの有力都市と同様、ケルンは特定区間の航行独占権を獲得し、有利な条件で商業活動を展開した。

一方、商人をはじめとするケルン市民は、大司教に対してしばしば抗議し、武力衝突することもあった。やがてケルンは自治都市として公認され、13～14世紀にはハンザ同盟の有力都市として発展していった。また、大司教との争いのなかで都市壁の重要性を痛感したケルン市民は、手狭になった都市壁を撤去し、ヨーロッパの中世都市としては最大規模の堅固な都市壁を新たに築いた。なお、この都市壁は1880年代に撤去され、跡地は半円形の環状道路になった。

1800年代になると、ドイツでも産業革命の時代となり、ライン川に蒸気船が登場し、水運はますます盛んとなった。1831年に結ばれた「ライン川航行に関する協定」（マインツ協定）で航行の自由が宣言されたことにより、中世以来のケルンの特権は失われたが、鉄道の開通や近代工業の発達によって、さらなる発展

写真3-46　ライン河畔の都市、ケルンの風景

写真 3-47　デュッセルドルフのライン河畔

を遂げた。

　また、ケルンの下流に位置するデュッセルドルフは、中世以降、さまざまな公国などの首都となり、この地方の政治、経済、文化の中枢として機能してきた都市であるが、1830年代のライン川航行の活発化や鉄道敷設、さらにはルール地方の石炭採掘やそれに伴う工業の発展により、商工業都市として発展していった（写真 3-47）。19世紀の工業化の過程で、ライン川は、ルール地方の石炭の積み出しや製鉄業の鉱石供給に大きな役割を果たし、今なおヨーロッパの内陸水路網の大動脈として機能している。

●河畔からの道路撤去と水辺の再生

　ライン川をはじめとするヨーロッパの河川や運河では、今でも舟運が利用され「水の道」は健在である。しかし、20世紀以降、先進諸国においてモータリゼーションが発展し、現在は発展途上国においてその傾向が顕著である。道路が都市に与えた影響を考えると、水辺空間や河畔に建設された道路が、都市空間的、環境的、景観的に最も顕著な影響を及ぼしたとみることができよう。日本を含め世界各地の多くの水辺が、道路建設のために使われてきた。

　注目すべきは、ケルンとデュッセルドルフでは、20世紀後半に、都市と河川とを分断していた幹線道路を撤去し、水辺の再生および都市と水辺の関係の再構築を図っていることである[1]。これらは、ボストン湾岸の高架高速道路セントラル・アーテリーの撤去や、韓国・ソウルの清渓川（チョンゲチョン）の復元などに先立つ事例として知られてよい。

写真 3-48　地下トンネルに入るケルンの河畔幹線道路

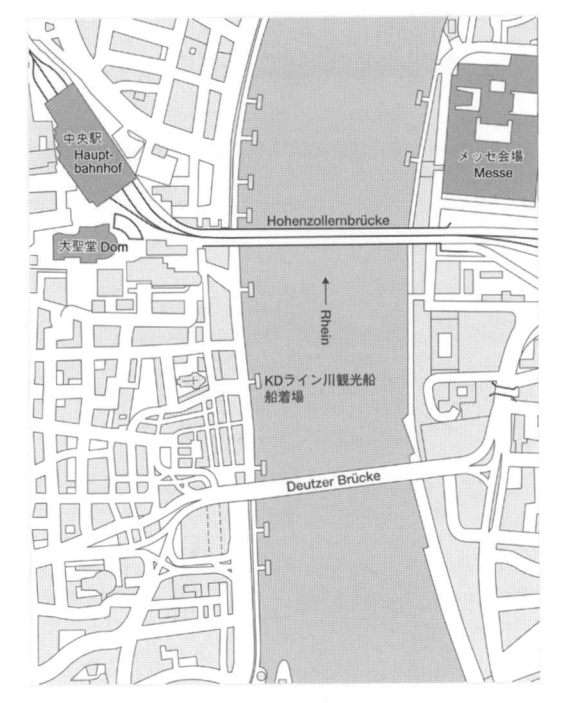

図 3-15　ケルンのライン河畔の平面図（道路は左岸側河畔）

　ケルンでは、1979～82年の間に、市街地と川とを分断する形で走っていた幹線道路（連邦道路、アウトバーン）を撤去し、地下トンネル化した（写真 3-48、図 3-15、3-16）。その場所は、ケルンの顔ともいえるケルン大聖堂とライン川の間にある。この事業により、歴史的建造物を残す市街地とライン河畔は、連

6　ケルン、デュッセルドルフ・ライン川　**143**

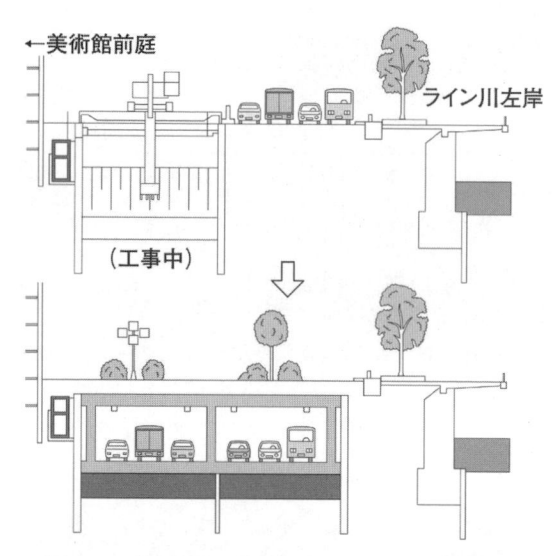

図 3-16 連邦道路の地下化前と地下化後の位置関係

続した落ち着きのある都市空間となった。そして、地下化した道路の上と河畔は、市民や観光客が憩う公園として整備された（写真 3-49、3-50）。

　デュッセルドルフでも、1984 年から約 4 年間かけてライン河畔の幹線道路（連邦道路、アウトバーン）を約 2km にわたって撤去し、地下トンネル化した。地下化した道路の上には歴史的な様式のまち並みを復元するとともに、河畔を公園として整備し、川へのアクセスを回復して水辺の再生を図った（図 3-17、写真 3-51）。

写真 3-49　ケルンの現在のライン河畔の風景

写真 3-50　ケルンでのライン河畔の水辺再生（広い公園となっている）

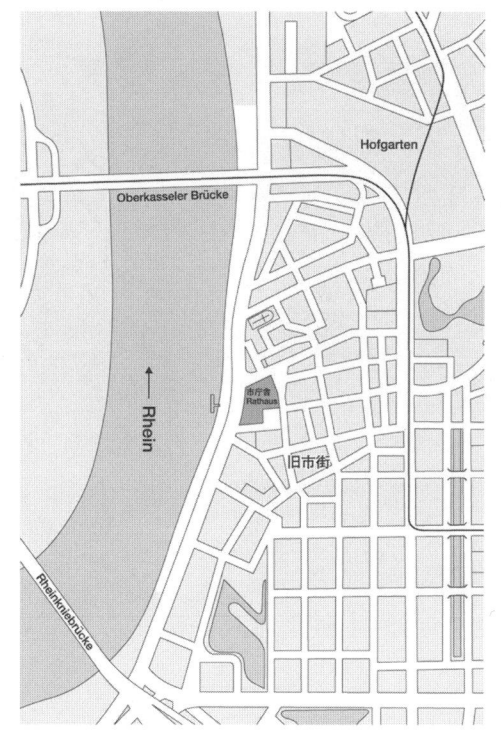

図 3-17　ライン川とデュッセルドルフ市街地との関係（道路は右岸側河畔）

　このプロジェクトでは、地下トンネル化した連邦道路は、地上にあった道路よりも交通容量をさらに大きくして（5.5万台／日の交通に対応）、地下駐車場も設けた。事業費は、道路の撤去・地下化、地下駐車場や地上の河畔公園整

6　ケルン、デュッセルドルフ・ライン川　**145**

写真 3-51 デュッセルドルフでの道路地下化の工事風景

写真 3-52 洪水時のライン川とケルン市街

写真 3-53 洪水時に設置する鋼鉄製の遮水板（仮設堤防）

備を含めて約425億円で、通常の連邦道路の費用負担ルールに従って連邦と市で負担した。さらに旧市街地の再開発は民間により行われ、約1300億円の民間都市開発投資を誘導したと推定されている。

デュッセルドルフではさらに、より広域的にライン川に近いところから建物の高さ制限を行い、美しい都市景観の形成を図っている。また、旧市街地の道

路の歩行者専用道路化、中心市街地への貨物車の進入規制も行っている。

このようにデュッセルドルフの都市再生は、水辺との一体化による都市再開発、そして道路と川、道路と人との関係の再構築を意図した厚みのあるもので、これからの時代の都市環境のあり方を考えさせてくれる。

なお、ライン川は冬から春にかけてたびたび洪水を起こし、流域の都市は洪水の危険にさらされることがある（写真 3-52）。ケルンでは、1983 年の洪水で床上浸水に見舞われた経験から、鋼鉄製の移動式遮水板を準備しており、川の水位が上がると、この遮水板を張り巡らせて、浸水を河畔近くで阻止することにしている。いわば立て掛け式の堤防である（写真 3-53）。日本の河川とは異なり、ヨーロッパの河川の洪水は概して水位変動が緩やかだとはいえ、常設の堤防を設けず、取り付けたり取りはずしたりする厄介な方策を取っているのは、ライン河畔の観光都市として景観を尊重しているからである。

●特徴と展望

ライン川が流れるケルンやデュッセルドルフの都市では、かつて連邦道路（アウトバーンと呼ばれる高速道路）が河畔に設けられ、都市とライン川の水辺が分断された。

観光も盛んなケルンでは、1970 年代後半に河畔の高速道路を撤去・地下化して、ライン川の水辺を開放し、その上を水辺公園として緑地を再生した。

ケルンの下流のデュッセルドルフは、かつてのドイツ最大のルール工業地帯の中心都市であり、ライン川の舟運により栄えた都市である。そのデュッセルドルフでも、1980 年代後半に河畔の高速道路を撤去・地下化し、ライン川の水辺にリバー・ウォークなどを整備するとともに、古いまち並みを再生した。この都市では、河畔の建物の高さを制限し、水辺の都市を再生している。また、都心部への自動車の流入を規制するなどして、道路と都市との関係の再構築も行っている。

この面で、ソウルの清渓川を覆う平面道路・高架道路の撤去（2003～2005年）やボストンでの高架高速道路の撤去・地下化（1991～2006年）に先立つ事例として、そして川と道路の関係を再構築して河畔の都市を再生した事例として知られてよい。

〈参考文献〉
1) 吉川勝秀：『流域都市論－自然と共生する流域圏・都市の再生－』、鹿島出版会、2008
2) Nancy S. Seasholes: Gaining Ground, a History of Landmaking in Boston, The MIT Press, Cambrige Massachusettes, 2003
3) 石川幹子：『都市と緑地』、岩波書店、2001
4) 石川幹子・岸由二・吉川勝秀編著：『流域圏プランニングの時代』、技報堂出版、2005
5) 三浦裕二・陣内秀信・吉川勝秀編著：『舟運都市－水辺からの都市再生－』、鹿島出版会、2008
6) 吉川勝秀：『人・川・大地と環境－自然と共生する流域圏・都市－』、技報堂出版、2004
7) 吉川勝秀編著：『多自然型川づくりを越えて』、学芸出版社、2007
8) Ted Gray : A Hundred Years of the Manchester Ship Canal, Ashford Press Ltd., 1993
9) Edward Gray : Salford Quays the story of the Manchester Docks, MFP Design and Print, 2000
10) ヴァーノン・G・ズンカー、三村浩史監修、神谷東輝雄他訳：『サンアントニオ水都物語』、都市文化社、1990
11) ガヴィン・ウェイトマン、植松靖夫訳：『図説 テムズ河物語』、東洋書林、1996
12) ケン・リビングストン編、ロンドンプラン研究会訳：『ロンドンプラン－グレーター・ロンドンの空間開発戦略』、都市出版、2005
13) 鯖田豊之：「都市と水の文化史1 ロンドン」、『FRONT』(リバーフロント整備センター)、1993.1
14) Peter Whitfield : LONDON a Life in Maps, British Library, 2000
15) 鯖田豊之：「都市と水の文化史2 パリ」、『FRONT』(リバーフロント整備センター)、1993.2
16) 鯖田豊之：「都市と水の文化史10 ケルン」、『FRONT』(リバーフロント整備センター)、1993.10
17) リバーフロント整備センター（吉川勝秀編著）：『川からの都市再生』、技報堂出版、2005
18) 吉川勝秀：『河川流域環境学－21世紀の河川工学－』、技報堂出版、2005

第4章
アジアの事例

川からの都市再生は、近年、都市化のスピードが著しいアジアの都市でも進められている。韓国や中国などでは、その再生スピードが極めて速く、かつ中国ではその規模が大きい。そのような例として、河川再生とともに河畔の都市再生が進められたシンガポールのシンガポール川とその河畔、台湾・高雄市の愛
あい
河とその河畔、中国・上海の黄浦江および蘇州河とその河畔、
こう ほ こう
川と道路の関係の再構築から都市を再生してきた韓国・ソウルの清渓川、中国・北京の転河ほか、そして水の都として知ら
チョン ゲ チョン
れるタイ・バンコクのチャオプラヤ川と運河を取り上げた。

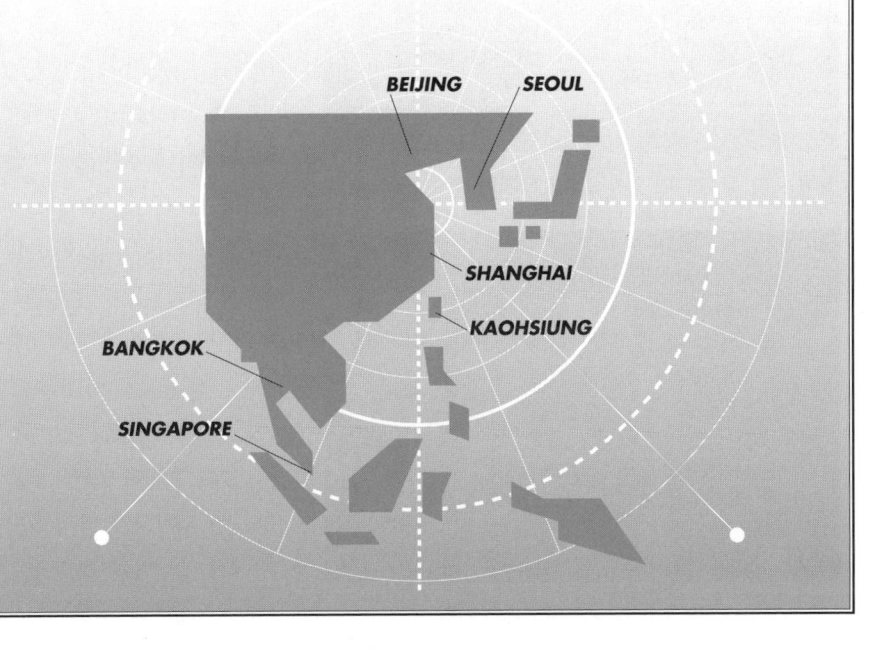

1 シンガポール・シンガポール川

● 19世紀に誕生した国際貿易港

　シンガポールは近年、土地の公有化と「ガーデン・アイランド」と称する美しい都市づくりを進めており、この都市計画はシンガポール・モデルとして知られている（写真4-1、4-2）。汚染されたシンガポール川の再生は、その都市づくり、都市再生の代表例ともいえる[1],[2]。

　マレー半島の南端に位置するシンガポールは、主島のシンガポール島をはじめ54の島からなる共和国で、国土面積は約700km^2（東京23区とほぼ同規模）、その約2割は埋立地である（図4-1）。人口448万人のうち、永住者は361万人で、そのうち中華系住民が7割以上を占める。ほかにマレー系、インド系などの住民が暮らす多民族国家である。国家元首の大統領は名誉職で、実権は首相にある。

　シンガポール島には古くから貿易港があったと思われるが、都市としての歴史は、新たな貿易の拠点を探していたイギリス東インド

写真4-1　シンガポール川と歴史的建造物を生かした水辺

写真4-2　シンガポールの夜景

会社のラッフルズが1819年にこの島に上陸したことに始まる。当時、島にはわずかな住民しかいなかった。

イギリスの植民地となったシンガポールは自由貿易港として発展し、1963年のマレーシアの一州としての独立を経て、1965年に独立国となって以降も国際貿易港

図4-1 シンガポールとその周辺国

として繁栄している。かつては小さな港町であったが、今や東京や香港と並んで東アジア、東南アジア圏での国際金融の中心地にもなっており、近年はエレクトロニクスやバイオメディカル関係などの工業も盛んで、世界有数の商業センターと貿易港を持つ近代的ビジネス国家へと変貌を遂げている。

また、コスモポリタン的な雰囲気と美しい景観により、観光地としての人気も高い。ちなみに、シンガポールとはサンスクリット語で「獅子の町」を意味するシンガプラに由来する。

シンガポールの中心部を流れるシンガポール川は、昔からこの島で暮らす人々のライフラインであった（図4-2）。シンガポール川は、歴史的にも非常に重要な役割を占め、1960年代までは港として機能していた。この川の周辺には倉庫や商業施設が集中し、野外飲食店が軒を連ねて、さまざまな民族、人種が行き交う場所だった。しかし、1960年代以降は海上交通の近代化に対応できなくなり、倉庫は廃れ、零細企業による不法投棄や不法占拠なども増加して、シンガポール川周辺はスラム化していった。また、畜産業や屋台からの排水などにより、川の水質汚染が進んで悪臭を放ち、水生生物の生息が不可能なまでになった。

このような状況のなか、1977年にリー・クアンユー首相は、10年以内にシンガポール川を浄化し、レクリエーションの場とすることを提唱した。当初、

市民にはその実現は不可能に思えたが、翌1978年から10カ年計画でシンガポール川の浄化プロジェクトが国家主導のもとに実施されることになった。

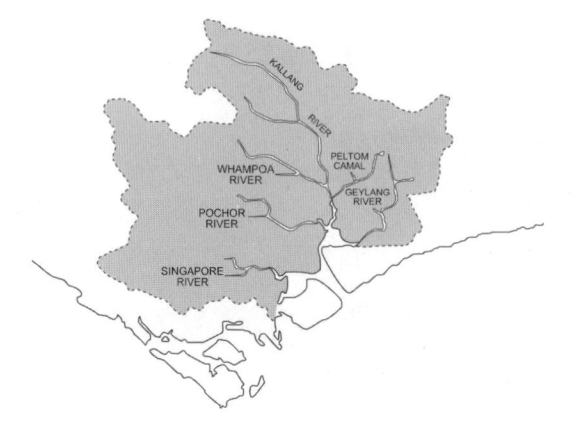

図 4-2　シンガポール川とその周辺

●国家主導の河川浄化プロジェクト

　イギリスのケンブリッジ大学留学の経験を持つリー・クアンユーは、シンガポールの独立に貢献し、1965年から（独立前の自治政府時代を含めると1959年から）1990年までシンガポールの初代首相を務めた。シンガポールを今日の経済繁栄に導いたその強力なリーダーシップにより、河川浄化プロジェクトは推進された。政府および関連機関は、汚染源を除去してシンガポール川を浄化し、さらに周辺地域を美化するという二段階のプログラムを組み、さまざまな対策を実施していった（写真4-3）。

　まず行ったのは、汚染源の除去である。シンガポール川の汚染源は、周辺の約2万1000戸の不法居住者、養豚・養鶏業者、家内工業者、行商人、市場で営業している卸売業者などによる不法投棄や排水で、造船所から出る塗装くずなども川に流されていた。また、川岸にボートを係留して流下を阻害したり、はしけを設けて生活排水を流したりすることも、汚染の原因となっていた。

　このような汚染源を除去するため、行商人や不法居住者を退去させなくてはならず、その移転先の準備が必要であった。そのため、政府は新たな住宅の建設とインフラ整備を行い、近代的な設備を持つ工場や作業場も建設された。流域内での養豚・養鶏業は禁止され、また、未処理の汚水を垂れ流す屋台も禁止されて屋内の浄化施設を備えた場所に移転させられた。約8年を要したこれら

写真 4-3　汚染されていたころのシンガポール川

一連の事業により、シンガポールでは上下水道が100％完備され、下水は川に排出されることがなくなった。

次は、周辺地域の美化に取り組んだ。ゴミやヘドロの堆積した川の浚渫を行い、かつての不衛生な河畔は砂浜に改善された。その結果、河畔は釣りや水遊びが可能な空間となり、川には遊覧船なども登場し、市民や観光客が川からの景観を楽しむようになった（**写真 4-4**）。

写真 4-4　シンガポール川での遊覧船運航

●河畔の土地の再開発

汚染源となっていた居住者や業者を移転させたことにより、河川は浄化されたものの、かつての水辺のにぎわいが失われることが懸念されたため、にぎわいのある水辺形成を目指して、河畔の土地の再開発が行われた。最初の計画は1985年に立案された商業地区の整備である。1992年、1994年には、より詳細な計画が発表され、土地利用や利用密度、河畔の建物の高さ制限、歴史的建造物の保全計画などが策定された。河畔の建物の高さ制限は、ロンドンなど世

界でも限られた都市にしか例をみない。これらの計画は市民との対話をしつつ、川の新たなビジョンとして策定されたものである。

1985年の計画コンセプトを土台に、ショッピング地区やチャイナタウンなど、それぞれの特色を持つエリアを、川沿いの回廊を通じて結ぶというシステムが確立された。これらの工事には1億米ドルが投入され、多くの省庁がかかわって、護岸、遊歩道、橋、アンダーパス、下水道、変電所などのインフラ整備が行われた。

このようなインフラ整備とともに、市民や観光客が活動できるさまざまな施設も計画的に整備された。例えば、ボート・キー地区は商業施設やレストラン、ディスコなどが集中し、オフィスワーカーや観光客に人気のエリアになった。クラーク・キー地区はホテルや娯楽施設が集中し、ロバートソン地区もホテルやマンションが立地するエリアとなり、ジョギングや犬の散歩をする人々にとって人気の場所となっている（写真4-5〜4-7）。

また、歴史的建造物の再利用もなされている。建物の外観はそのままに、内部は大幅に改装され、政府所有の建物はアジア芸術の美術館に、旧議会場はアートセンターに生まれ変わった。河畔の倉庫も劇場として利用している。時代に即した用途に供しつつ、景観的には昔のシンガポールの面影をとどめることで、この都市（国）のアイデンティティを維持している（写真4-8）。

シンガポール川とその周辺は、市民にも観光客にも居心地のいい空間になっている。このような河畔の再生を計画的に遂行できたのは、この国では土地を国有とし、優良な建物を建設後、民間に払い下げて利用を図るというシステム

写真4-5　遊覧船からみた水辺景観

写真 4-6　河畔のテラスやレストラン

写真 4-7　水辺とまちが一体化したリバー・ウォークの風景

写真 4-8　水辺の歴史的建造物は外観はそのままに内部を改装している

を採っていることによる。建物の設計やデザインは国際的なコンペを行って選び、クオリティの高い都市景観を創造している。

●水資源政策と環境との調和

シンガポールの降水量は年間2 345mmと、日本平均の1 700〜1 800mmの1.3〜1.4倍もあるにもかかわらず水の自給ができていない。

植民地時代のシンガポールでは、本島を流れる川にセレター、ロアー・ピアーズ、マクリッチの三つのダムを建造して水を確保していたが、貿易に伴う商業の発展と人口の増大とともに水需要は増大し、1924年には現在のマレーシアのジョホール・バルからの送水が始まっていた。また、ジョホール・バルには浄水施設が不足していたこともあり、シンガポールに送水された水は浄化され、その一部は再びマレーシア側に返送されていた。

シンガポールとマレーシアのジョホール・バル間を結ぶコーズウェイ橋（全長約1km）には橋上に3本、橋下に1本、そして海底に2本、計6本のパイプラインが敷設されており、現在もマレーシアからシンガポールに向けて毎日2億トン以上もの水が送られている（マレーシアとシンガポール間の契約では最大2億5 000万トン）。この送水については1961年と1962年に「ジョホール・バル水合意（Johor River Water Agreement）」という合意が締結され、1963年のシンガポール独立後も継続されており、水価格も当時のまま、1 000ガロン（約4 500リットル）当たり0.03リンギ（日本円で約96銭）で運用されているが、有効期限（1961年の合意が2011年、1962年の合意が2061年）後の契約価格が課題となっている。

さらに、狭い国土に人口400万人が居住できる国家を成立させるためには、高架式交差道の下に雨水の人工池をつくったり、雨水を回収し貯水池にポンプで送り込むシステムを建設するなど、土地空間を高度に利用する水資源システムが計画されている。

ケラン川、マリナ川流域を給水水源として整備する事業も行われている。

シンガポール川河口部に高潮などの水害防御のための河口堰（マリナ・バラージ）を建設する事業では、防波堤としての堰を建造するとともに、貯留された水は淡水処理に利用することとしている。家庭排水は下水処理場で処理した後、さらにろ過・殺菌など三段階の浄化処理を施し、飲用可能な水準まで高度処理して再利用（ニューウォーター〈NEWater〉と呼ばれている）したりし

ている。

　シンガポールの都市再開発局（URA）では、2003年に公共空間・ウォーター・フロント・マスタープランを作成し、そのなかでシンガポール川流域再生を提案している。このマスタープランは、リー・クアンユー元首相が緑化の必要性からシンガポールをガーデンシティへと発展させるビジョンとして策定した構想をさらに発展させたものである。

写真4-9　川を軸に再生したシンガポール

　すべてが計画的に設計された人工的なまちでありながら、そのなかにシンガポール川を軸とした自然と緑、水と環境の調和を実現したシンガポールに、これからの都市再生の方法の一端をみることができる（写真4-9）。

●特徴と展望

　シンガポールの都市整備は、シンガポール・モデルの都市計画として知られる。すなわち、国家が国土の大半の土地を取得し、緑につつまれたガーデン・アイランズの形成を目標に、美しい道路などの社会インフラや住宅・建物を建設してきた。

　シンガポール川の水質浄化と河畔の再開発は、リー・クアンユー首相の強力なリーダーシップのもとで、国家主導で進められた。河畔の再開発は、国有化された土地で、河畔では建物の高さを制限し、リバー・ウォークを設け、歴史的な建造物はその形を残すなど、川が都市の軸となり、にぎわいのある空間となるように進められた。そして、高品質の河畔の建物などを民間に払い下げ、経済活動がなされるようにした。この川の再生と都市再生は、行政が中心となりつつも、民間企業や市民も参加して進められた。

　国家が強力に河川という社会インフラを再生・整備するとともに、民間を誘導しつつ都市を再生することで、高品質の都市を短時間で再生・整備した事例である。アジアの都市でも、このような都市計画と連動して河川の再生、川からの都市再生が実践された例として大いに注目されてよいであろう。

2 ソウル・清渓川(チョンゲチョン)

●ソウルの奇跡と呼ばれた清渓川の復活

　韓国の首都ソウルは、1394年に李氏朝鮮王朝の都と定められて以来600年余りの間、この国の政治、経済、文化の中心地であり続けている。四方を山に囲まれ、その中央を東から西に漢江(ハンガン)が流れるこの地は、風水思想に基づいて都に選定された(図4-3、写真4-10)。現在、韓国の総人口約4700万人のうち、1000万人以上がソウルに暮らす。

　この巨大都市の都心部で近年、極めて短期間のうちに行われた清渓川(チョンゲチョン)復元事業は、世界中から注目を浴びた。韓国の現大統領、李明博(イミョンバク)前市長の主導のもとに復元された清渓川は、ソウルを人間中心の環境都市へと変え、首都600年の歴史や文化を掘り起こし、都市全体を再生するための第一歩となった(写真4-11、4-12)。

　清渓川は、北岳山(プガクサン)をはじめとするソウル周辺の山々から水を集め、都心部を西から東に流れて中浪川(チュンナンチョン)に合流後、漢江に注ぐ全長8km余りの川である(図4-4)。もともと開川(ケチョン)と呼ばれていた清渓川は、開都以来、都城内の主要排水路として機能する一方、洗濯場や遊び場としてもソウルの人々に利用されていた

図4-3　清渓川位置図

写真 4-10　ソウルを流れる漢江

写真 4-11　清渓川復元後の俯瞰写真

(写真 4-13)。しかし、夏の梅雨時には氾濫を起こすことがあったため、河床の浚渫や堤防補修などの河川整備が行われた。

　朝鮮王朝時代からの人口増加に伴って清渓川は汚染され、川の浄化を巡る論争が起こったり、大規模な浚渫が行われたりしたが、20世紀に入るとさらなる人口の急増と都市化によって川の汚染が進み、悪臭や伝染病蔓延の危険性が高まるなど、都心を貫く川にあって深刻な衛生問題が生じた。さらに第二次世界大戦や朝鮮戦争による混乱の後には、川沿いにバラック建築などの不法な建物が増え、河川環境は著しく悪化していった。

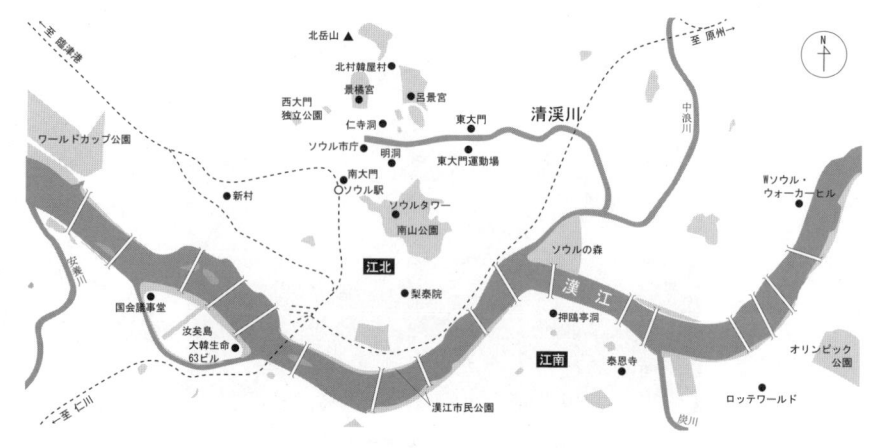

図 4-4　ソウル中心部概略図

写真 4-12　復元された清渓川に集う人々

　洪水や環境、衛生問題、さらには増加する交通需要をまかなうために、19世紀末から日本統治時代の20世紀前半には、清渓川の覆蓋、道路化が計画されていたが、本格的に覆蓋、道路化の工事がなされたのは 1958 〜 78 年である。清渓川は暗渠化（下水道化）され、その上にできた幅員 50 〜 80m の清渓川覆蓋道路の周辺は商店街として発展してきた。
　しかし、高度成長期におけるモータリゼーションの進展により交通量が増加し、新たな道路建設の必要性が生じたため、1967 〜 76 年、覆蓋道路の上に延長 5.7km にわたる往復 4 車線の高架道路（自動車専用道路）が建設された（**写真 4-14**）。

写真 4-13　20世紀前半の清渓川（左：水標橋、右：洗濯風景）

写真 4-14　高架道路撤去前の風景（左：1981年、右：2003年）

●周到な計画と迅速な実践

　この道路周辺は低層の建物からなる密集市街地で、しかも上空を高架道路で覆われているため、大気汚染や騒音などの環境問題を抱え、景観的にも問題があった。そのうえに、新興都市として発展する漢江の南（左岸）の江南地区などに比べ、相対的に開発が遅れた地域となっていた。また、覆蓋道路や高架道路が建設されてから数十年が経過し、構造物の老朽化に対応するためには多額の補修・補強費用が必要だった。

　そうしたなか、環境重視の時代ともなり、人々の間に覆蓋道路や高架道路の存在を見直す気運が高まっていった。

　このような状況下、2002年のソウル市長選挙に出馬した李明博候補は、清渓川を覆う道路を撤去し、歴史ある川を再生することを核として、周辺の都市再開発を進めることを公約の一つとした。この事業により、騒音と大気汚染というソウルのイメージを払拭し、600年の都としての歴史と文化を回復して、自然にも人間にも優しい持続可能な都市として再生すること、そして、中国と

日本の間に位置する北東アジアの中心都市として、国際商業・金融都市を目指すとした。

2002年7月に就任した李市長は、清渓川の再生計画を長年構想していた梁銃在氏（ヤンユンジュ）（当時ソウル大学・建築家）を清渓川復元推進本部の長とし、市民委員会で市民や地権者との調整などを進め、2005年10月には道路撤去、河川再生を完了させた（写真4-15、4-16）。

清渓川の復元工事は、わずか2年余りという短期間でなされたが、それまでには10年以上にわたる景観や自然生態系、都市環境、地域交通、都市計画などの研究の積み重ねがあった。また、既設の道路は公道であり土地買収などの必要がなく、工事自体は道路を撤去して川を復元するものであり、総工費は3867億ウォン（漢江橋1橋分の建設費用程度）であった。最も時間と労力を要

写真4-15　高架道路撤去工事中（右）、河川復元後（左）

写真4-16　復元後の清渓川には、高架道路の橋脚が一部残されている

したのは、清渓道路周辺の商人たちとの交渉であった。

　ソウル市民の8割方の賛成を得た清渓川復元事業であったが、道路沿いで生計を立ててきた商人たちは当初、反対した。しかし、区域ごとの市の担当者18人で延べ4200回の交渉の場をもち、商人たちの立場を理解したうえで、解決策を模索する話し合いを続けた結果、商店の移転などで合意が得られた。

●都心部に出現した水と緑の空間

　復元された清渓川は5.84kmで、漢江の水や地下鉄駅で発生する地下水などを浄化した水が流れている（写真4-17）。起点のソウル市役所近くの清渓広場から下流に向かって、歴史・文化空間、遊び・教育空間、自然と生態系を生かす空間の3つのテーマでゾーニングされており、下流に行くにしたがい自然度が増す（図4-5〜4-7）。

　上流部の歴史・文化空間では、朝鮮王朝時代の橋や宮庭の造形物が復元され、中流部の遊び・教育空間では、ソウル市民をはじめ国内外の人々のメッセージを記したタイル「希望の壁」や城郭にあった水門をイメージした構造物などがみられる。そして中浪川との合流点までの下流部では、自然を生かした空間になっており、ビオトープもつくられている。視界が開けた川の両岸は四季の花で彩られ、河畔は市民や観光客であふれている（写真4-18〜4-20）。

　清渓川の維持管理はソウル特別市施設管理公団が行っている。施設の管理や洪水時の対策などを行うほか、市民主体の各種イベントの窓口にもなっており、清渓川を文化創出の場として生かそうとしている。清渓川復元部分の最下流の河畔にある同公団のビルの隣には、清渓川の過去・現在・未来をテーマにしたミュージアム「清渓川文化館」もある。川に集まる人々の安全確保のための警備や清掃には、事前登録して一

写真4-17　復元された清渓川の始点

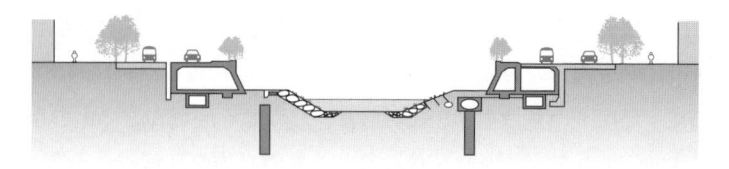

図 4-5　上流部断面図

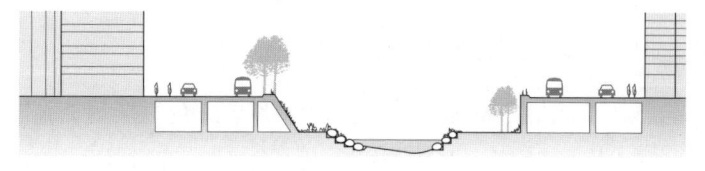

図 4-6　中流部断面図

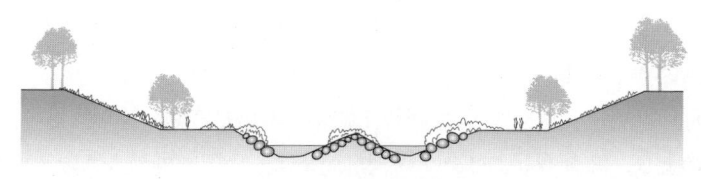

図 4-7　下流部断面図

定の訓練を受けた市民ボランティアが活躍している。

　清渓川復元事業においては、当初懸念されていた交通パニックなどの問題もなく、公共交通機関の利用や通過交通の減少などにより都市の交通体系も大きく変わりつつある。今後は、行政によって再生された河川空間や都市空間を、市民や企業がいかに生かしていくかということが重要なテーマとなろう。

写真 4-18　復元された清渓川はさまざまな文化イベントの舞台ともなる

写真 4-19　市民や観光客が気軽に水と親しむ空間となった清渓川

写真 4-20　下流部の自然を生かした空間

●清渓川復元事業の影響

　この事業の実践は、韓国国内の諸都市にも大きな影響を与え、多くの自治体で川の再生や川からの都市再生が議論されるようになった。そして、国内のみならず、日本を含むアジアや欧米などの都市経営のあり方にも影響を及ぼしている。都市空間において通過交通が多い道路を撤去するとともに、水と緑の空間を再生し、人と自然が共存するヒューマンスケールの環境都市への再生を目指したこの事業は、都市経営の新たなパラダイムの出現を象徴するものである。
　さらには、大都市における都市再生の進め方という点でも注目に値する。通常、川を中心に都市再生を目指す場合、都市全体の基本的な構想やコンセプト

を定め、川の役割を見直すなどの長い経緯が必要だと考えられるのだが、ソウルの場合では、首長選挙（選挙公約）で民意を問い、事業の実施にあたっては綿密な事前の研究や計画をもとに、市民の合意形成を図りながら、短期間のうちに事業が成し遂げられた。川の再生を起爆剤とした都市再生手法として世界的、歴史的にも意義があろう。

さかのぼればソウルでは、1988年のソウルオリンピックを前に、漢江河畔の整備・再生が行われ、2002年の日韓サッカーワールドカップの前には、スタジアムを中心に水と緑あふれる広大な公園が整備された。漢江河畔のその一帯はかつてゴミの集積場だったところで、ゴミの山は緑に覆われた丘になり、自然の川の流れを再現した水路や水際にボードウォークのある池などが整備されている。

また、清渓川再生以前にも、国内各地の都市で暗渠となっていた川の復元や

写真4-21　済州島の山地川。1970年代に覆蓋工事がなされた川の上にはビルなどが建っていたが（左）、1996年より建物を撤去し、2002年に川が復元された（右）

写真4-22　京畿道水原市の水原川。都市の歴史、自然に配慮した河川整備がなされている

川の自然再生がなされており、このような川で活動する市民団体も多い（**写真4-21 〜 4-23**）。

写真 4-23　河川は子どもたちの環境学習の場ともなっている（ソウル市の道林川）

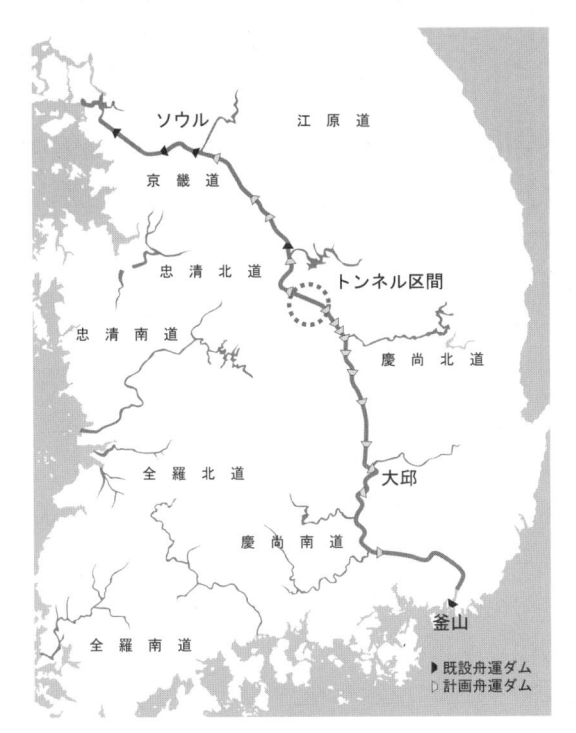

図 4-8　京釜運河の構想図

さらに韓国では現在、ソウルと仁川を結ぶ京仁運河計画や、ソウルと釜山の間を水路で結ぶために漢江と洛東江の間に運河を設ける京釜運河計画など、内陸水運の可能性が検討されている（図4-8）。

●特徴と展望

　ソウルの清渓川を覆う道路（平面道路、高架道路）の撤去と川の再生は、ソウルを環境と人に優しい都市に再生し、中国と日本の間に位置する北東アジアの金融や商業の中心都市とすることを目指して行われた。

　まずは道路を撤去して川を再生し、それを核として沿川の都市を再生することを目指している。

　この事業は、それを選挙公約にしたソウル市長の強力なリーダーシップのもとで、3年という短期間で実践された。そして、撤去された道路は再建せず、都心への通過交通の流入を制限し、公共交通システムの改善で対応するという、都市経営の新しいパラダイムを実践したものであった。

　ソウルの中心部を流れる再生された清渓川は約6kmの短い区間であるが、川の中にはリバー・ウォークが整備されていることから、ソウル市民はもとより観光客などにも広く利用されるようになっている。このような短い区間での河川再生が、それまでの騒音と大気汚染のイメージがあったソウルという大都市のイメージを変えたことにも注目しておきたい。

　この川を再生し、道路を撤去するという事業は、韓国国内はもとより、世界にも注目される事業となった。川と道路の関係を再構築することにより、インパクトのある川からの都市再生を行った事例として大いに注目されてよいであろう。

　この事業を実践した李明博市長は2008年に大統領となり、前述のように釜山とソウルを結ぶ運河の建設を公約し、川と運河を軸とした国土経営、経済再生も計画していることにも注目したい。

3 高雄・愛河

●河川と都市との連携

　中華民国(以下、台湾)南西部に位置する高雄市は、台北に次ぐ台湾第二の都市である(図 4-9)。台北と同じく政府直轄市であり、大規模なコンテナ港を持つ世界有数の国際貿易港として知られる。

　高雄市の総面積は約 154km² で、11 の行政区に分けられており、人口は 153 万人を数える(図 4-10)。古くは打狗(ターカウ)と称する小さな村であったが、1895 年からの日本統治時代以降、市街地が形成され、地名も同音の高雄に改称された。第二次世界大戦後、日本の支配下を脱してからも、その地名は引き継がれている(中国語読みはカオシュン)。

　愛河は、高雄市の北に位置する高雄県仁武郷(レンウーチン)の八卦寮(パグアリアオ)付近に発し、6 本の支流(運河を含む)の水を集めながら高雄市街地の中心部を貫いて高雄港に注ぐ(写真 4-24)。流域面積は約 56km² で、全長約 12km のうち約 10.5km は高雄市内を流れている典型的な都市河川である。流域内には約 100 万人の人口を擁する。

　現在、愛河の河畔の公園には昼夜を

図 4-9　台湾および高雄の位置図

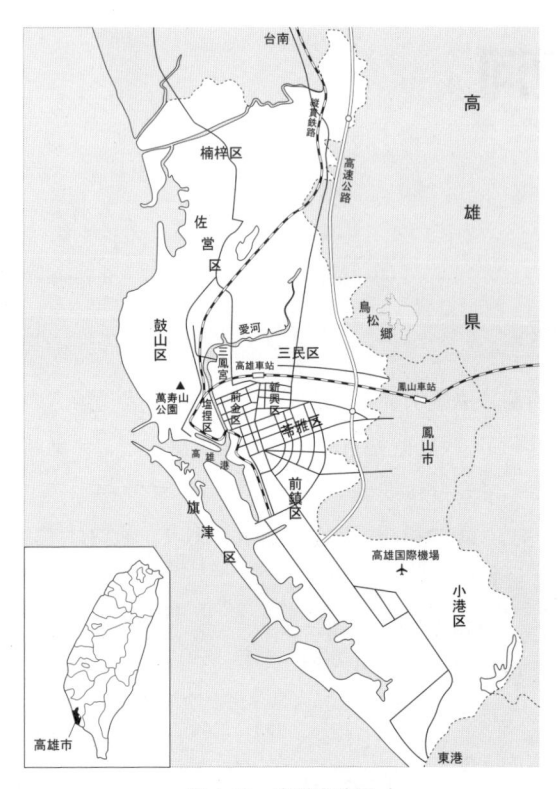

図 4-10　高雄市略図

写真 4-24　愛河河口部上空より望む高雄市街（高雄市政府資料）

分かたず多くの市民が憩い、川面には国内外からの観光客を乗せたクルーズ船が往来しているが、本書で紹介してきたほかの河川同様、愛河もかつてはひどく汚染されていた時期がある。しかし、この川を中心に都市再生を図るという高雄市政府主導の長年にわたるプロジェクトが功を奏し、今ではその川の名のとおり、市民に愛され、観光地としても脚光を浴びる存在になった（写真 4-25）。

日本をはじめ、アジアや欧米でもさまざまな河川再生事業が進められているが、愛河は計画当初から河川再生と都市形成との連携を徹底的に意図した事例として知られてよい。かつてドブ川と化した都市河川が、いかにして高雄の「顔」としてよみがえったか。高雄と愛河をめぐる歴史的背景、都市と河川の環境の変遷と再生への道のり、そして環境保全や景観に配慮した都市計画により世界的な

写真 4-25　愛河のまち並みと遊覧船

海洋都市を目指す高雄市の今と今後のビジョンを紹介したい。

●高雄市における都市の成立

　高雄市は、形成されてからまだ100年にも満たない比較的新しい都市であるが、考古学の調査により、7000年前には、この地ですでに人類の活動があったと考えられている。高雄地区で発見されている最も古い先史時代の遺跡群は、今から5000年ほど前のもので、その多くは愛河を含む現在の高雄市とその東に連なる鳳山市の市街地を囲むように点在している。現在の市街地のエリアは遠浅の海（古高雄湾）であり、人々は狩猟や漁撈を中心とした生活を営んでいたことが分かる。

　打狗（高雄）の名が史料に登場するのは17世紀前半で、中国やオランダの記録にみられる。1624年にオランダ東インド会社は、中国や日本との交易の基地として台南一帯を占領した。当時の高雄一帯には先住民族の平埔族が暮らしており、西端部の台湾海峡に面する寿山（万寿山ともいう）の麓は細長い砂州（旗津半島。現在の旗津区エリア）に守られた天然の良港で、漁港として利用されていた。ここにオランダ人は砦を築いたが、1661年には中国人により駆逐された。この港が打狗港（高雄港）で、当時オランダ人が描いた地図には、名称はついていないものの、愛河の河道が確認できる。かつては海（港）と一体化していた愛河は、明・清の時代には明らかに河川の様相をなし、水も豊富で、灌漑や漁業、舟運に利用されていたとみられる（図4-11、写真4-26）。

図 4-11　昔の高雄および愛河を示した絵地図（高雄市政府資料より作成）

写真 4-26　寿山と愛河河口（かつての高雄港付近）

　なお、高雄の旧称打狗は、そもそも平埔族の一部族の名称「ターカウ」を漢字表記したもので、その部族の言葉で「竹林」を意味していたという。16〜17世紀、倭寇の侵入を防ぐために家の周囲に竹林を設けるようになり、防御以外にも用途の多い竹林は高雄一帯に広がっていったことから、部族名や地名になったと伝えられている。

17世紀以降、台湾には海峡を隔てた福建省からの移民が増え、1683年に清朝の支配下に入ると、台南が行政の中心地になった。台南に近い高雄の港は、徐々に商業港としての役割も担うようになる。19世紀半ばになると、アヘン戦争以降、欧米列強に迫られた清朝が次々と開港や領土の割譲を行っていくなかで、高雄も1858年の英仏と清朝間での天津条約によって開港が決まり、漁港から商業港へと大きく変貌を遂げ、港の入口付近にはイギリス領事館が設けられた。

　そして1895年、日清戦争に敗れた清は、下関条約により台湾を日本に割譲した。当初、台湾の人々は日本の支配に抵抗を示したが、1898年に着任した台湾総督府第四代総督の児玉源太郎と民政局長の後藤新平は抗日運動を容赦なく弾圧し、それと同時に、砂糖や樟脳などの産業開発や近代的な都市計画なども進めていった。

●日本統治時代の都市化の進展

　日本の統治下に置かれた台湾では、日本政府により土地や海域などの綿密な調査が行われた。そして、日本が南方への進出を図るにあたって高雄港が重要な基地になることが明らかになると、高雄では近代的な港湾整備をはじめ、鉄道建設や大規模な都市計画が実施されることになった。1908年には築港が開始され、鉄道も台湾北部の基隆（キールン）から高雄まで敷設された。当初、高雄の駅は港の近くに設けられていたが、1940年代に市の東部に移設されている。

　1920年代には「狗（犬）を打つ」と書くのは都市の名にふさわしくないとして、高雄に改名され、当時、打狗川と称されていた愛河も高雄川と改名された。その後、港湾施設の整備が進み、愛河沿川は工業地帯となり、原料や製品の運搬路として川を利用できるように浚渫などの整備がなされると、高雄運河とも呼ばれるようになった。

　高雄の工業は、伝統的に精糖業が中心であったが、寿山で石灰石が確認されると、1910年代に寿山の東側に台湾初のセメント工場が建設された（浅野セメント）。高雄で生産されたセメントは、近代的なコンクリート建造物の隆盛に伴い、台湾のみならず、中国本土や南方へも高雄港から輸出されていった。また、軍事的な需要により、造船、鉄鋼、石油精製などの重化学工業が盛んと

なり、寿山の麓の小さな漁村にすぎなかった高雄は、一大工業地帯へと変貌を遂げていった。なお、高雄のコンクリート産業は戦後も台湾政府が引き継いで操業されていたが、資源の枯渇により1990年代初頭に幕を閉じた。造船業は旗津地区で今も行われている。

　日本統治時代の市街地は当初、寿山、愛河（高雄川）の右岸（西岸）、高雄港に挟まれた区域（現在の鹽埕区のエリア）に形成された。かつてそこには塩田が広がっていた。清の康熙帝、雍正帝の時代（17世紀半ば～18世紀前半ごろ）には、愛河下流域一帯は台湾の四大塩田の一つに数えられ、川幅は現在の2倍ほどあったという。しかし、日本統治時代からの都市開発に伴い、川幅は徐々に縮小されていった。

　市街地は、愛河を越えて徐々に東へと拡大していく。1933年当時の地図では長方形の格子状に街路が走り、堀江町や栄町、入船町など日本式の町名がつけられている。寿山の麓に市役所や警察署などの公的機関があり、鉄道を挟んで東側の愛河（高雄川）までの三角形のエリアに肥料会社や酒精会社が立地し、愛河の左岸にも市街は広がっている。

　1901年には高雄の人口はわずか3,702人で、台湾の主要集落のなかで21位の人口であったが（1位は台南市で4万7,283人）、1920年には3万5,404人、1943年には21万8,700人まで膨れ上がり、台湾第二の都市となった。高雄港を中心とした産業の発展に伴い、市街地は拡張され、多くの日本人がこの地にやってきた。

　なお市役所は、1938年に寿山の麓から愛河右岸の河畔に移され、終戦後も高雄市政府庁舎として使われていたが、1992年に愛河を越えた新市街地にある現在の総合市政ビルに移転した。中正橋のたもとに残された旧庁舎は、高雄市歴史博物館となっている（写真4-27）。

●戦後の復興の道のり

　第二次世界大戦末期、日本の軍需産業の一大拠点であった高雄は、アメリカ軍の空襲により、高雄港を中心に甚大な被害を受けた。1945年8月の日本敗戦により第二次世界大戦は終結し、台湾は中華民国に返還された。翌年には在台湾日本人の引き揚げが完了し、台湾総督府は廃止された。そして1949年に

写真 4-27　高雄旧市庁舎（現高雄市歴史博物館、上）と現在の市庁舎（下）

　中国共産党政権による中華人民共和国が建国されると、国民党政権は台湾に渡り、台北を首都とした中華民国の建国を宣言した。台湾海峡を挟んでの２つの中国の対峙は今なお続いている。

　高雄では 1946 年に行政区域の再編が行われ、戦災で大きなダメージを受けた高雄港や市街地の復興がなされていった。日本統治時代の重化学工業を接収して復興し、臨海部には大型造船所や石油化学コンビナートなどを建設して、手狭になった高雄港の南東（細長い島状の旗津の真ん中あたり）に、より広い第二港口を設けた。1960 年代半ば以降、台湾が高度経済成長期に入ると、高雄は重工業地帯としての地位を確立した。

　市街地も、愛河左岸側の新市街地から半円を描くように拡大を続けていく（図 4-12、写真 4-28、4-29）。都市計画により道路の幅は広く確保され、樹林帯とともにバイク用の車線も設けられている。また、現在の市政府前の道路をはじめとする幹線道路は、かつて陸軍・海軍の基地から高雄港までの軍用道路として建造された広幅員道路で、現在もそのままブールヴァールとなって残されており、大樹が枝を広げ、草花が咲いている（写真 4-30）。

3　高雄・愛河　175

1895年　　　　　　　　　　1960年　　　　　　　　　　2006年

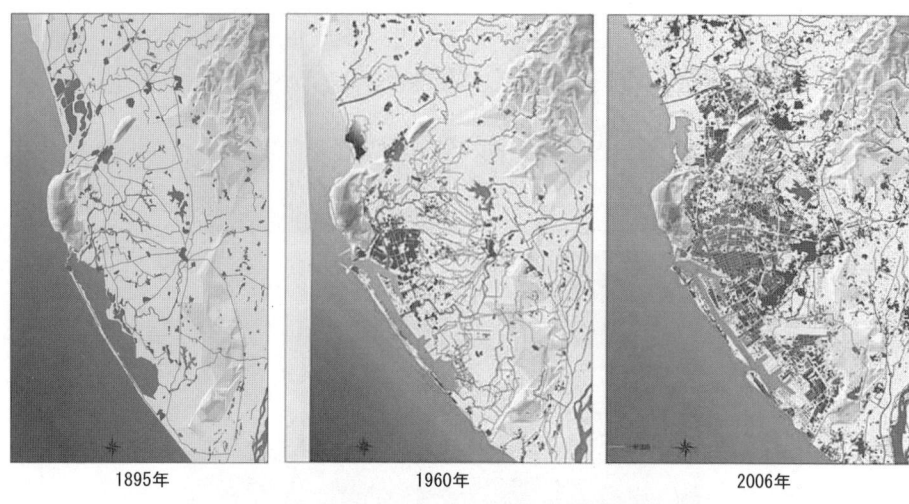

図 4-12　高雄市街地の拡大（高雄市政府資料より作成）

写真 4-28　寿山と愛河、1950 年代（左）と現在（右）（高雄市政府資料）

写真 4-29　愛河を航行する竹筏と木材（左）と現在の同じ場所（右）（高雄市政府資料）

176　第 4 章　アジアの事例

写真 4-30　高雄市庁舎前のブールヴァール。バイク用の車線もある

写真 4-31　旗津の工業地帯（左）と古い港（第1港口）付近（右）

　現在、市街地には高層ビルが建ち並び、なかでも港近くに建つ高雄 85 ビルには、高さ 300m の台湾で最も高い展望台があり、高雄のランドマークとなっている。展望台からは大小の船が往き来する高雄港とその前に広がる海、市街地を流れる愛河、緑地が点在する市街地の風景を一望できる（写真 4-31）。

●愛河の水質浄化への取り組み

　愛河は日本統治時代に高雄運河とも称されるようになったと前述したが、これがこの川に付けられた最初の公式名称であった。その後、愛河と称されるようになるまでの経緯は、以下のとおりである。

　戦後の 1948 年、「愛河遊船所」という名のクルーズ会社が中正橋の近くで営業を始めたが、台風に遭って店の看板が壊れ、「愛河」の文字だけが残っていた。その後、この川に身投げするという心中事件が起こり、これを報道した新聞記

者が、川の名を間違えて「愛河」と書いたことから、市民の間に愛河の名が定着していった。1968年に当時の市長により仁愛河と改称されたものの、1992年、市会議員の提議により、すでに市民に親しまれていた愛河という名称に戻され、今日に至っている。

愛河は、1930年代初めごろにはまだ魚が泳いでいたが、沿川での工業の発展と人口増加による都市化が進むにつれて汚染されていった。高度経済成長期に入った1960年代ともなると工場はますます増え、人口も大幅に増加して、川は腐ったような悪臭を放つようになった。1970年代には黒い水が流れ、生き物も生息できないようなドブ川と化し、1971年、ついに「愛河の死」が宣告された（写真4-32）。

高雄市政府は、1960年代から愛河と高雄港の水質汚染を懸念し、水質悪化に注意を促していたが、水質は改善されなかった。しかし、そのころから高雄地方では下水処理システムの整備が徐々に検討されはじめており、1977年には高雄市と高雄県との間での協議により、分流式下水処理システムを採用する

写真4-32　戦後の水質汚染が進んでいた時代の様子（高雄市政府資料）

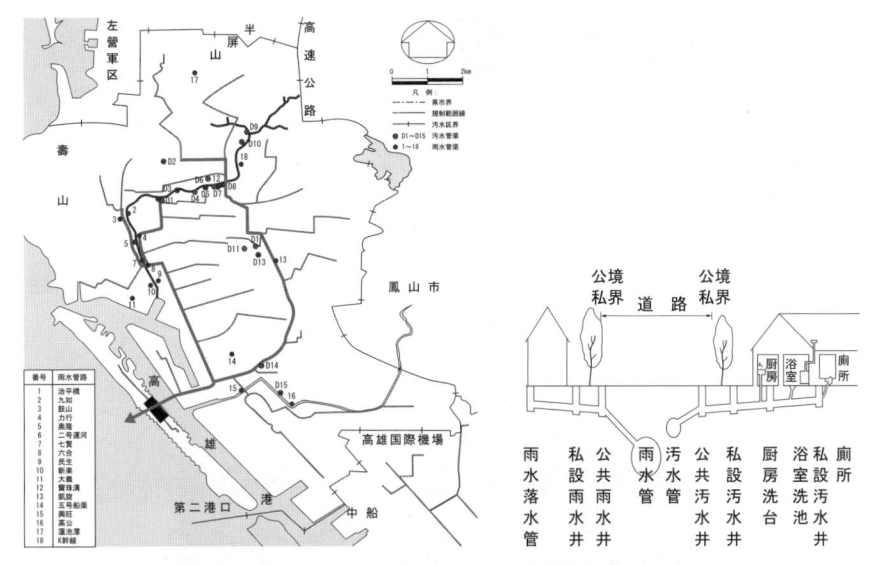

図 4-13　下水処理システム図（左）と分流式下水道模式図（高雄市政府資料より作成）

ことが決定された（図 4-13）。その第一段階として、1977 年から 1991 年にかけて 24.4km の延長で 51.6 億元をかけて主要幹線の建設がなされた。

1987 年には、汚水処理施設の一部が供用された。1992 年から 2001 年には第二段階の事業が実施され、幹線および枝線の延長 126km が整備された。2006 年秋の時点で高雄市における家庭排水の下水道普及率は 47％で、2007 年末までには 50％以上の達成を目指している。下水の浄化処理を行う施設には、下水処理に関する展示を行うミュージアムも付設されており、市民の啓発にも努めている。なお、雨水処理用の下水道整備率は 100％近くに達している（写真 4-33）。

このほか、愛河の水質浄化の取り組みとして、毎年 4 〜 5 月になると気候の変化により藻類が河川の水質に影響を及ぼし、魚類の生息環境を悪化させるため、曝気船を運航して生態系の維持と景観の保全に努めている（写真 4-34）。

このような水質浄化の取り組みにより、愛河には生き物が戻ってきた。1987 年の調査では 7 種、1995 年の調査では 51 種類の魚介類が確認されている。

写真 4-33　愛河の洪水時の様子（雨水処理の下水道整備前、高雄市政府資料）

写真 4-34　曝気船の運航（高雄市政府資料）

●景観整備と観光クルーズ

　愛河の水質浄化への取り組みが進み、その変化が目にみえるようになると、市政府では愛河とその河畔の景観整備にも力を注ぐようになった。注目すべきは、単に河川空間のみの整備ではなく、周辺地域の交通システムの拡充や社会・経済の活性化ともリンクさせた都市計画の一環として位置づけていることである。ハード面の整備だけでなく、愛河を舞台にしたイベントの実施、観光船の運航やサイクリング・ロードの整備などによって周辺の歴史的建造物や文化・レジャー施設などの利用を促進させるなど、ソフト面の取り組みも行っている。そこには、愛河を新時代の高雄の「顔」として位置づけ、愛河という都市の中の自然資源と景観を生かし、市民生活の質の向上を図るとともに、観光客を引き付ける魅力ある国際都市を目指すという明確なビジョンがある。

2000年から実施されている愛河河畔の景観改造の基本方針は、河畔の緑化、親水性の向上、夜間照明、沿川地域の再開発である。河畔の緑化にあたっては、ブーゲンビリアやジャスミン、クチナシ、ネムノキ、ホウオウボク、キバナフウリンボクなど、南国らしい色とりどりの花が楽しめる樹木を植栽し、陸上でも水上からでも季節ごとの風景を楽しめるように意図している（写真4-35）。さらに、親水性の工夫としては、階段式（雁木状）の護岸にしたり、川への視界を遮らないような開放的な空間を創出しており、夜間でも安全かつ水辺の美しさを演出する照明の設置がなされている。沿川地域の再開発については後で述べることにする。

　景観整備前と整備後の写真を比較すると、明らかに後者の方が魅力的ではあるのだが、整備前の河畔も樹木や草花を植栽した公園となっていた（写真4-36、4-37）。戦後の都市計画において、川べりの空間を公有地として確保したことが、今日の景観創出の土台になっているのである。

　また、愛河には景観整備前から視界を遮るような高い堤防がなく、川とまちとが一体化しているのも魅力である。愛河の水深は平均4〜8mほどである。台風時などの高潮が懸念されるが、河畔公園あたりまでしか越水しない。河口

写真4-35　オレンジ色の花をつけるホウオウボク（左）とキバナフウリンボクの並木（右）（高雄市政府資料）

写真 4-36　河畔の整備前（左）と整備後（右）1　（高雄市政府資料）

写真 4-37　河畔の整備前（左）と整備後（右）2　（高雄市政府資料）

の高雄港には防波堤の役割をする長い砂州（旗津地区）があるためである。

　愛河の景観整備の現状と川からみえる風景は以下のようである。

　愛河を航行するクルーズ船は、市政府交通局が運航する「愛の船」という名の約20人乗りのボートである（写真4-38）。人気なのは、午後4時から11時ごろまで運航するナイトクルーズだが、昼間も午前9時から午後4時まで運航している（昼と夜とでは乗船時間や乗降場所が異なり、当日の天候によっても変更がある）。昼間の船は、河口部の真愛碼頭（埠頭）から5km上流の「愛河の心」の間を往復しており、片道約30分のクルーズで、運賃は大人片道50元である（図4-14）。乗客数は2004年5月の就航より延べ86万人を突破した（2007年12月現在）。

　真愛碼頭は、かつての貨物船の波止場を再開発した場所で、開放的な空間構造を持つイベント広場となっている。ここを発つと最初にくぐる橋が高雄橋で、左岸には1860年に創建された由緒あるカトリック教会がみえる。

写真 4-38　愛河をゆくクルーズ船

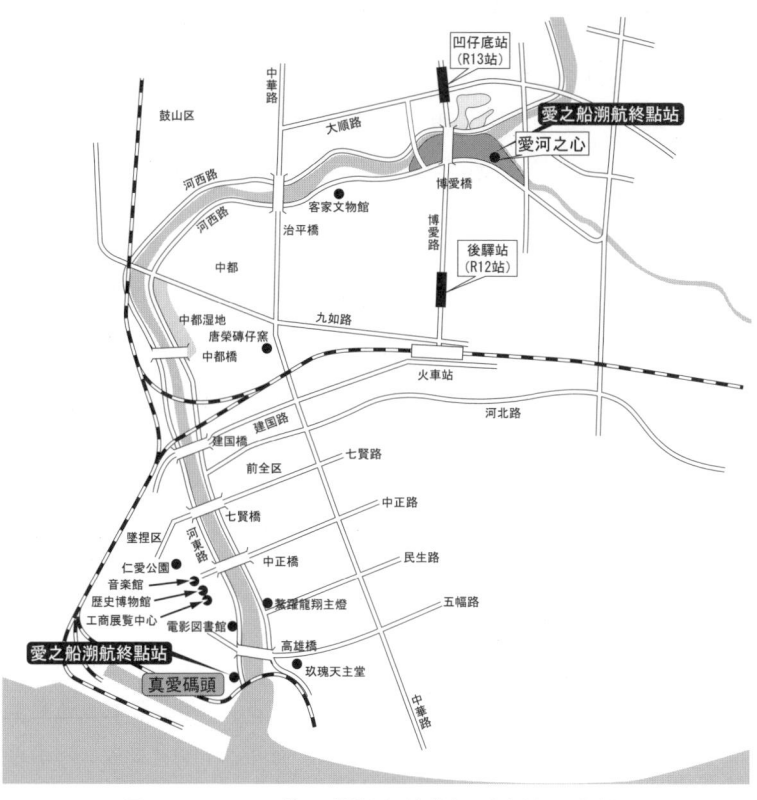

図 4-14　クルーズ船の航路図（高雄市政府資料より作成）

3　高雄・愛河

写真 4-39　ランタンフェスティバルに使われた竜のオブジェ

　やがて左岸に巨大な竜のオブジェがみえてくる（写真 4-39）。2001 年の高雄燈会（ランタンフェスティバル）に出品されたもので、夜はライトアップされる。燈会は旧暦の正月を祝う中国人の伝統行事で、高雄ではその年の干支の動物をかたどったランタンや花火の明かりが愛河を染める。高雄を代表するこの光の祭典には毎年延べ 400 万〜 500 万人が訪れるという。川を舞台にしたこのようなイベントも、河川が浄化され、川辺に人々が戻ってきたからこそ盛り上がるのであろう。初夏にはドラゴンボートレースが繰り広げられる。

　次の中正橋の橋桁には金色のライオン像が鎮座しており、周辺の右岸は、歴史博物館（旧市庁舎）や音楽館、映画図書館などの文化施設が集中している。重工業地帯で「文化砂漠」といわれた高雄のイメージを払拭すべく、市では文化活動の充実も都市計画の重要な柱として位置づけている。また、このエリアに隣接する仁愛公園は、1970 年代に台湾最初の地下街が建造された場所であるが、1980 年代に治安が悪化したうえに大火で焼失してしまったため、市はこれを取り壊し、公園として整備した。今では老若男女が憩う都心のオアシスになっている（写真 4-40、4-41）。

　さらに遡上して七賢橋、建国橋、鉄道橋をくぐる。河畔には釣り糸を垂れる人や散策する人、サイクリングをする人などが見え、アオサギなどの水鳥が水中の獲物を狙って佇んでいる。次の中都橋にさしかかると、左岸に 2 本の巨大な煉瓦の塔がみえてくる。1913 年に建造された煉瓦工場の煙突で、国の史跡に指定されているものである（写真 4-42）。

写真 4-40　船上からの風景。河畔には釣り人や散策、サイクリングを楽しむ人々の姿がある

写真 4-41　近隣の中学校で行われていたカヌーレース

写真 4-42　国の史跡に指定されている煉瓦工場の煙突

中都橋を過ぎるとすぐに湾曲部にさしかかるが、この左岸には中都湿地がある。2006年に完成したこの湿地は、愛河の堤防を壊して多自然工法によって造成されたもので、河川水を引き込んで、水際の多様な生態系の復元を図っている（写真4-43、4-44）。

　治平橋を過ぎると、左岸に高さ40mの「光の塔」がそびえ、終着点の「愛河の心」に至る。ここは川幅を広げて人工池（如意池）が造成されており、愛河を横断する幹線道路の博愛橋をまたいで池を巡れるように、S字型をした歩道橋が架かっている（写真4-45〜4-47）。

　博愛橋の下流側の西湖は船着場や噴水のある人工的なゾーンで、上流側の東湖は水生植物などを植栽した自然的なゾーンである。歩道橋には木製のベンチも設えてあり、欄干にあるハート型の意匠は、昼間はハート型の影を歩道に映

写真 4-43　中都湿地の施工前（左）と施工後（右）（高雄市政府資料）

写真 4-44　中都湿地の施工中。堤防を撤去し（左）、多自然工法で整備された
（高雄市政府資料）

写真 4-45 「愛河の心」の昼と夜（高雄市政府資料）

写真 4-46 整備前の「愛河の心」付近（高雄市政府資料）

3 高雄・愛河　187

写真 4-47 「愛河の心」に設けられた二重構造の歩道橋（写真奥）には、木製のベンチもある

し、夜はライトアップによってそれが浮き上がるという趣向である。歩道橋と石積護岸による有機的な造形は、ライトアップされるとより魅力が増し、上空からの写真をみると、竜が川を泳いでいるようにも思える。

●水と緑のエコロジカル・ネットワークづくり

「愛河の心」より上流は、河道が細くなっており、現在は船の運航は難しい。今後は、この上流側と河口付近の再開発が計画されており、博愛橋の上流の両岸は、「農21」という企画案により、田園都市的な住宅地と商業地として整備される予定である。また、中都湿地付近は、かつての工場地帯であるが、ここも商業地と住宅地、学校、緑地などが融合したまちづくりが計画されている。

さらに、そこから愛河を越えると、寿山とそれに連なる柴山に至るが、その麓にあるセメント工場跡地は、山から流れ出る雨水や生活排水の処理施設を建設することが予定されている。また、このあたりを通っている鉄道を地下化する計画もあり、地上の鉄道撤去後はそこに水路を設け、山と川をつなぐ水と緑の回廊（コリドー）にすることが予定されている（写真 4-48、4-49）。

河口部の古い高雄港（第一港口）周辺の再開発は、寿山から連なる緑の動線と海に開けた海洋都市としてのアイデンティティに基づき、高密度の商業・文化・娯楽エリアにすることが計画されている（図 4-15）。

これまでに整備されたエリアや再開発予定地には、いずれも十分な緑地が確保されているが、さらに湿地の造成も盛んに行われている。

写真 4-48 愛河の河畔には新しい住宅地も整備されつつある

写真 4-49 今後再開発されるセメント工場跡地の俯瞰と近影 (高雄市政府資料)

図 4-15 愛河河口部の未来イメージ図 (高雄市政府資料)

3 高雄・愛河

写真 4-50　蓮池潭とつながっている洲仔湿地

　例えば、市街地の北方の左営駅近くにある蓮池潭は、ハスの花で知られる湖で、四重の仏塔と七重の仏塔をはじめ、孔子廟や中国式あずまやが湖畔にある観光地である。この東側に隣接する洲仔湿地は、民俗技芸園区として開発されることが予定されていたが、市民団体などの尽力により、湿地公園として整備された（写真 4-50）。ハスやスイレン、ヒシに覆われた池は蓮池潭とつながっており、水の循環によって水質の浄化がなされる仕組みになっている。この湿地は主にボランティアにより整備され、今はこれらのボランティアが指導員としてこの湿地の管理や子どもたちの環境学習の指南役をしている。

　また、市の北方の海岸近くに新しく造成された援中港湿地は、マングローブ林のある海岸型湿地を育成するものであるが、2007 年 12 月に、この湿地に通水するセレモニーが、市長参列のもと行われた（写真 4-51）。

　高雄市内には、このような湿地が 10 カ所ほどあるが、これらは市政府が目指す水と緑のエコロジカル・ネットワークを形成し、野鳥の移動を容易にするなど、生態系を保全するための大切な要素である。そして、これらの湿地の造成や保全には、湿地保護連盟をはじめとする NPO、NGO などの市民団体が大きな役割を果たしている。また、愛河河畔のパトロールなどを行っている市民ボランティアもおり、官民の協働で新時代の高雄を創出しようとしている（写真 4-52）。

　台湾一の重工業地帯として水質汚濁や大気汚染に悩まされてきた高雄市の都心部は、すでに愛河の河畔公園や幹線道路などに設けられたブールヴァールによって「水と緑のネックレス」ができあがっている。また、河畔や公園、廃線となった鉄道跡地などに設けられたサイクリング・ロードの周辺も緑化がなされており、これらも緑の回廊（コリドー）の形成に欠かせない要素である（写真 4-53）。

　サイクリング・ロードは水辺空間や市内の観光地、文化・レジャー施設を結

写真 4-51　海岸型湿地再生を目指す援中港湿地（左）とその通水式で挨拶する陳菊市長（右）

写真 4-52　市民ボランティアによる愛河の
　　　　　　パトロール（高雄市政府資料）

写真 4-53　河畔のサイクリング・ロード

写真 4-54　高雄は愛河を中心に環境都市へと変貌を遂げ
　　　　　　つつある

んでおり、サイクリング用のガイドマップも刊行されている。自転車の利用促進は、車やバイクの排ガス規制とともに、大気汚染の緩和にも役立つものである。

2009年には、高雄でオリンピック採用種目以外のスポーツの祭典、ワールドゲームズ第8回大会が開かれる予定である。河川を中心として、環境の保全、エコロジカル・ネットワークの創出、観光事業や文化・芸術の振興など多角的な都市再生を進めてきた高雄が、21世紀をリードする環境都市に生まれ変わったことを世界にアピールする絶好の機会となるであろう（写真4-54）。

●特徴と展望

　台湾第二の都市高雄市は、かつては工業都市であったが、第二次世界大戦以降の都市づくりで、樹木のある幅の広い道路（ブールヴァール）を整備して都市の骨格を形成してきた。

　高雄市のシンボルでもあった愛河は都市の拡大とともに、ほかの例と同じく汚染が深刻となり、1970年代には死んだ川となった。その後、良質な都市を形成するうえで、愛河の水質改善は都市再生の最重要課題となり、水質浄化のための下水道システムの整備が決定され、整備が進められてきている。

　この高雄市の行政の取り組みでは、単に河川の水質を改善するだけではなく、愛河を高雄市の軸となる水と緑の都市空間として位置づけている。河畔の緑地帯や公園、リバー・ウォークの整備、さらには河川舟運の再興により、愛河は都市の軸となり、愛河とその周辺は都市の最も魅力的でかつ高級な地区となった。この愛河と河畔は、サイクリング・ロードなどにより、まちなかのブールヴァールや都市内の観光施設などとも結びつけられている。

　行政がリードし、アジアを代表する川を軸とした良好な都市形成、都市再生を行い、市民に広く利用されるとともに観光面でも生かされている例として知られてよい。

　シンガポールの事例とともに、アジアでも都市計画と連動して川の再生、川を生かした都市再生が行われてきた事例として、大いに注目されてよいであろう。

4 上海・黄浦江、蘇州河

● 国際都市・上海と黄浦江

　上海は、首都北京、天津、重慶とともに中華人民共和国（以下、中国）の直轄市であり、近年経済成長の著しい同国にあって最大の商業都市である（図4-16）。

　中国最大の河川、長江（揚子江）の最下流域に位置する上海は、長江デルタの広大な水郷地帯を後背地に持ち、また、長江が注ぐ東シナ海にも近いという地理的条件により、古くより水上輸送の拠点となってきた。宋代以降は中国に

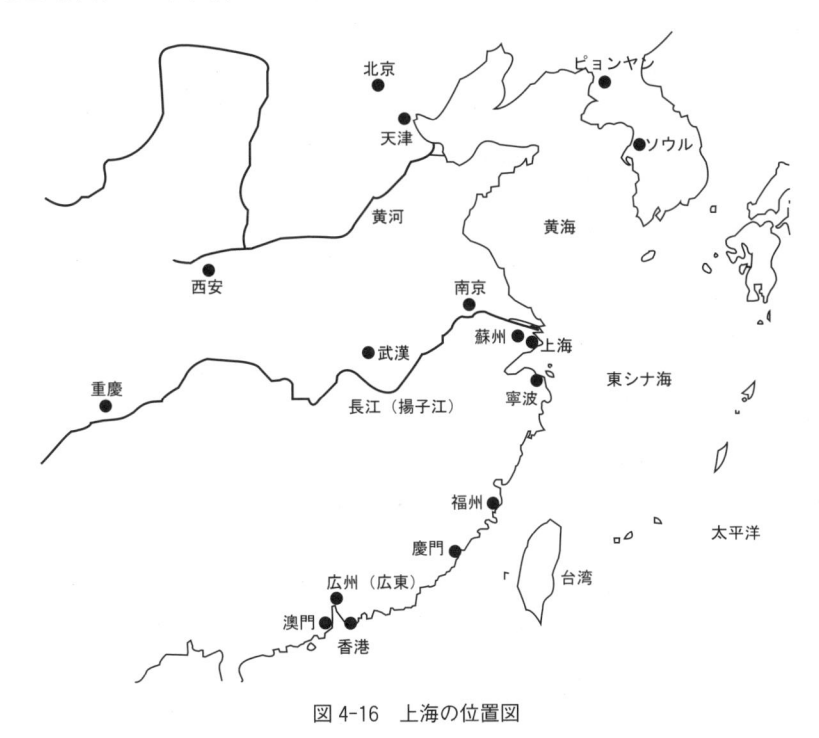

図4-16　上海の位置図

おける貿易拠点の一つとなり、日本や朝鮮半島、東南アジア諸国との交易で栄えた。清代になると中国の海外通商の窓口は広州に限られた時期もあるが、アヘン戦争に敗れた清朝は、1842年の南京条約により、広州や上海など5つの港湾都市を外国に開くことになった。開港後の上海では、日本や欧米列強に租借され、国際色豊かなモダン都市として発展を遂げたものの、その一方では賭博やアヘン窟などがはびこる都市でもあった。

　この間、1843年から1945年までの上海では、租界地から長江合流部の呉淞(ごしょう)までを上海市とする大上海都市計画が立案され、国際都市の建設が計画された。この計画のなかでは、租界地の地位衰退を狙い、上海中心市街地を現在の租界地と長江の中間区域に設けるとともに、黄浦江の大改造（黄浦江の直線化）と東方大港（長江合流部河口での大港湾）の建造を計画したが、財政的問題や政治的問題により進展できなかった。

　その後、日本軍政下となりこの計画は新都市計画として引き継がれ、大上海計画における上海市中心市街地に近接する黄浦江虹江口埠頭(ホンジャンコウ)および黄浦江鉄橋を建設する計画に変更され、租界地をも含めて大上海市の計画が進められたが、これも完成しなかった。しかし、この計画に基づき疎開地には各国の建築家が競い、時代を代表する建築物が残されていった。

　第二次世界大戦が終わって解放された上海は、新中国建設の中心地として重工業都市化が図られるとともに、戦前の不健全な施設は廃され、街路の拡張や緑化、下水道の整備などの都市整備が行われた。1992年以降は中国の経済開放政策によって北京をしのぐ人口と経済力を持つ国際商業都市として躍進を続け、文化的にも流行の発信地となっている。

　また、海と川との結節点に位置する上海は、海外ばかりでなく国内においても長江や大運河を通じて華北や華中の主要な内陸都市と結ばれている。上流に成都、武漢、重慶などの工業都市を持つ長江は、今なお舟運による物資輸送が盛んであり、この国の経済活動を支える基幹交通路として機能している（写真4-55）。

　上海の市街地は、上述の大上海計画にもあるように長江支流の黄浦江の左岸（西岸）沿いに発展してきた（図4-17）。殊にイギリスの租界地となった黄浦江の河畔はバンド（中国名は外灘(タイワン)）と呼ばれ、領事館や銀行、ホテルなどが立

ち並ぶ居留地独特の景観を形成した。壮大で細部にも凝った装飾が施されたそれらの西洋建築群は、中国解放後もその姿を留めたまま利用されている（写真4-56）。

　都市化が急激かつ大規模に進められてきた上海では、地下水の汲み上げにより地盤沈下が進行したため、上海市は、1950年代の末から、高潮を防ぐため黄浦江河岸の旧来の堤防を嵩上げするとともに、拡幅する事業を開始した。市ではこの高潮堤防を公園と一体化して整備するとともに、まちと川を分断していた建設済みのコンクリート堤防にリバー・ウォークを設置し、市民に水辺空間を開放した。現在、高潮堤防は1 000年に1度の規模の高潮に対応可能となっている。

　この黄浦江のリバー・ウォークの対岸は、経済特別区の浦東（プードン）新区であり、今や上海のシンボルとなった上海タワーや高層ビルが林立している（写真4-57）。この大規模な都市再開発においては、数十万人が移転しており、10年を経ずして100万人を超える大都市となった。なお、2007

写真4-55　長江は今なおお舟運が盛んである
（三狭ダム付近）

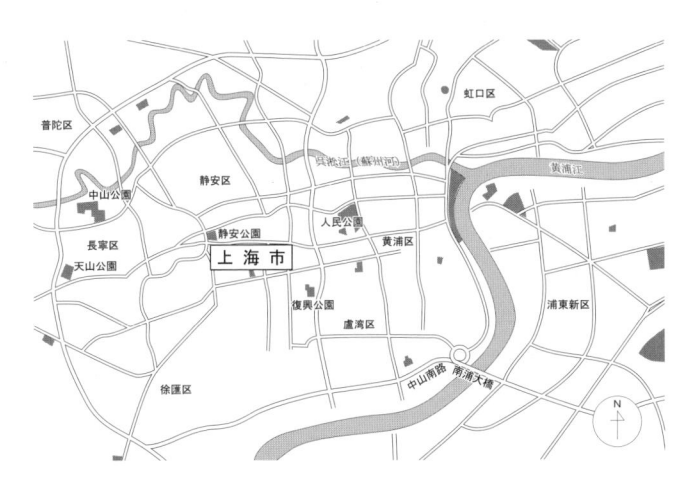

図4-17　上海、市街地と黄浦江、蘇州河の位置関係

4　上海・黄浦江、蘇州河　　195

写真 4-56　元租界地(外灘)の現在の建物群

写真 4-57　黄浦江のリバー・ウォーク(左)と対岸の浦東新区(右)

年12月時点での上海市の常住人口は1 845万人と推定されており、前年より30万人増加しているという。

リバー・ウォークのある黄浦江河畔は、上海市民の憩いの場であると同時に、旧市街側の壮麗なヨーロッパ風建築群が並ぶまち並みと、対岸の新都市の景観を楽しむ観光客が絶えない場所でもある。

●上海発祥の川・蘇州河の再生

　上海の市街地(旧市街地)にはもう一つ、この都市の発祥の川ともいえる蘇州河(呉淞江)が流れている(写真 4-58)。戦前の租界地が形成された上海の中心地、南京路の北で黄浦江に合流する蘇州河は、江蘇省無錫の南に広がる中国第三の淡水湖、太湖を水源とする全長125kmの河川である(写真 4-59〜4-61)。そのうち50km余りは上海市の9つの行政区を流下し、約24kmは

都市部を流れ、郊外部は干潟のネットワークを形成している。ちなみに、蘇州河の前身の松江は、かつて太湖からの主要な流出路であったが、泥が堆積したために新しく黄浦江が開削されて、流出河川の主流は黄浦江に移ったという。

　古代（春秋戦国時代）の上海付近は、蘇州河に沿った入り江に集落が形成され、この地は滬と呼ばれていた。滬とは木製の漁具の一種のことで、当時は漁村であったことがうかがえる。一帯は次第に長江デルタ先端部の中心地となり、港湾都市として発展していった。黄浦江との合流地点近くに架かる外白渡橋（カイパイドウチャオ）（旧名ガーデンブリッジ）付近には、イギリスによって造園された黄浦公園があり、戦前は蘇州河左岸（北岸）の虹口（ホンコウ）地区は日本人街となっていた。

　蘇州河は1920年代以降、経済発展と人口増加に伴い、生活排水や工場排水などにより汚臭や濁りが生じ、水質が悪化した。大戦後も汚染の影響範囲は広がる一方で、1970年代後半にはほかの地域まで拡大するに至った。蘇州河に

写真 4-58　黄浦江と蘇州河の合流点付近
（手前の橋は外白渡橋）

写真 4-59　蘇州河の源流、太湖

写真 4-60　蘇州のまち並みと蘇州河

写真 4-61　上海の蘇州河と河畔の風景

は37の支流があり、そのうち主要な支流には上海市が排水ポンプ場を設置していた。しかし、このポンプの稼動により、雨水とともに汚水も川に流されることとなり、さらなる水質悪化を招いていた。

このような状況のもと、市当局は都市の発展と並行して蘇州河の再生を行うことを重要課題とし、蘇州河再生プロジェクトを計画、実施してきた[1]（写真4-62）。このプロジェクトは歴代の上海市長のリードによって進められており、先鞭を付けたのは、後に中国のリーダーとなった江沢民や朱容基元市長である。

蘇州河再生プロジェクトは、次のように各段階ごとの具体的な達成目標を設定して実施することを計画した。

* 第一段階：2002年までには、汚臭と濁りを解消する。特に上海市内を流下する本流では、市の発展に合わせた解消が必須である。
* 第二段階：2005年までには、水質を改善し、河口から長寿路橋までの間に緑地帯を設ける。
* 第三段階：2010年までには、生態系も回復させて、魚類が生息できるまでに水質を改善する。さらに緑地帯を設け、遊歩道を建設する。

このように、まずは水質を改善し、引き続いて川の生態系を再生するとともに、河畔の整備を行うという計画である。以下、各段階の事業内容などを詳しく紹介する。

●各段階の事業内容と達成状況

第一段階プロジェクトは、1998年から2002年までの間に、855km^2 を対象

写真4-62　整備された蘇州河の河畔

に、水質改善、土地再生、隣接する河川ネットワークを含めた水質改善という三つの事業が実施された。これらの事業への総投資額は約70億元であった。

水質改善事業は、汚染源をターゲットとしている。蘇州河支流の流域での汚染源は約3000カ所あり、日量約23万m^3の汚水が、水門とポンプにより排水されていた。したがって、これらの水門やポンプの操作を改良し、蘇州河に直接排水される汚水の量を制御するようにした（図4-18）。また、流域内には大きな汚染源である畜産場があるため、そこからの排水についても8カ所に改良を加えた。さらに、曝気用のボートを用いて、溶存酸素濃度（DO）の改善を進めた（写真4-63）。

これらの取り組みの結果、2年間で汚臭や濁りの問題は解決し、茶色やどす黒い水が流れていた蘇州河の水質は大幅に改善された。さらには、蘇州河沿いに8.6kmの緑地帯が設けられ、親水公園や散策路(リバー・ウォーク) の整備なども計画されており、歴史的な水辺景観の維持にも配慮する予定である（写真4-64）。これらの土地再生事業の実施においては広報活動を推進しており、市民の声を聞き、通信社の協力を得て広報ネットワークをつくっているという。それには蘇州河のコラムを掲載して公共の認知度を高め、市民も参加する事業としている。

第二段階プロジェクトは、2003年から2005年まで実施され、汚水の遮断・

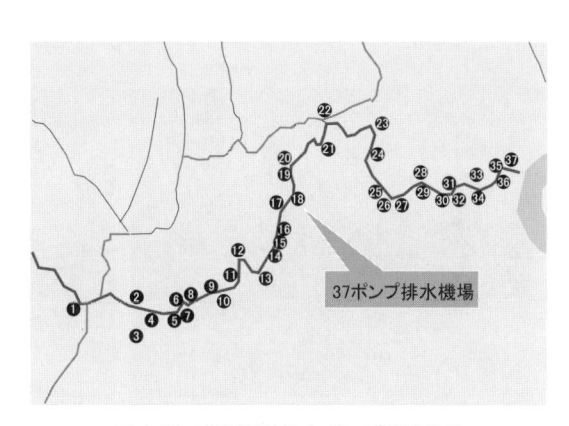

図4-18 蘇州河の排水ポンプ設置状況

写真4-63 毎時150m^3の曝気能力のある船

生態系の回復・水環境再生の促進・水辺の開発が計画された。総投資額は40億元であった。

汚水の遮断については、37の排水機場に対して、雨水と汚水が合流する5つの貯水タンクをつくり、合流の条件改善と同時に浸水対策を実施している。中・下流域については、汚水の流入を遮断し、汚濁や悪臭を除去している。さらには、低水流量を増大するために水門を建設し、フレキシブルな操作によって洪水管理や低水時の流量増大を図っている。また、緑地帯の整備も行って、蘇州河を風光明媚な環境にすることを目指している。

第三段階プロジェクトは、2006年から実施されている。蘇州河の改善とともに、支流の水辺再生・開発が計画されており、土砂の浚渫、生態に配慮した護岸整備、支流の再生、緑地帯の整備、低水流量の増大などの事業が計画されている。再生された河川ではレガッタなども行われ、上海市民と川との新たな

写真4-64 蘇州河と整備された河川公園

写真4-65 再生された川ではレガッタも行われるようになった

写真4-66 蘇州河沿川の都市再生

写真 4-67　21 世紀の上海を象徴する浦東新区の風景

関係が築かれつつある（写真 4-65）。

このように上海では、川の再生とともに河畔の都市再生が急ピッチで進められている（写真 4-66、4-67）。

●特徴と展望

　上海は、アジア最大の都市となる可能性を秘めた大都市である。その上海は、黄浦江の支流の蘇州河を中心として発展し、その後は内陸舟運を担う黄浦江の河畔に発展してきた。そして、従来の市街地の黄浦江を挟んだ対岸には浦東経済特別区の大都市が短い期間に形成された。

　黄浦江では、上海の経済発展とともに地下水が汲み上げられて地盤沈下が進行したため、洪水、特に高潮災害を防ぐためにコンクリートの堤防が建設された。そして堤防と一体化してリバー・ウォークを設けたことで、黄浦江と対岸の上海タワーや高層ビルが林立する浦東新区を展望できる広場ができ、上海市民はもとより観光客が集う、にぎわいのある水辺が再生された。

　上海発祥の川である蘇州河では、上海市長がリードして市民とともに水質を浄化し、生態系の再生も視野に入れ、河畔公園やリバー・ウォークの整備、そして河畔地区の再開発を進め、川の再生、川からの都市再生が急ピッチで進められてきた。土地が公有である中国において、行政のリードにより、中国的な大きさと早さで進められた、川の再生、川からの都市再生の事例である。

　アジア最大はもとより世界最大の都市になりつつある上海では、川の再生、川からの都市形成、そして都市再生も、大規模かつ短期間で進められている。

5 北京・転河ほか

●水路が巡っていた中国の都

　上海の項で述べたように、近年経済成長が著しい中国では、多くの都市で大規模な都市改造が進められている。首都北京では、2008年のオリンピック開催に向け、都市再開発と連動して、河川や河畔の都市再生が急ピッチで進められてきた（写真4-68、4-69）。時代背景の違いがあるとはいえ、日本では1964年の東京オリンピックを前に、日本橋川の上空に高架高速道路を建設したのをはじめ、多くの河川や運河を犠牲にして道路としてきたのとは対照的な動きである。

　北京市の総面積は約1万6 800km^{2}で、日本の四国の広さに相当し、その3分の2は山地が占める。流動人口を含む総人口は、2007年12月時点で1 740万人である。市の北方と東西は山脈が連なり、南東に永定河と潮白河の両水系による沖積平野が開けており、古い北京の町は永定河の扇状地に発達した（図4-16参照）。なお、旧市街の南西50kmの周口店で北京原人の化石が発見されており、当地では約50万年前にすでに人類が暮らしていたことが明らかに

写真4-68　再生された転河。船上からの風景

写真 4-69　再生された菖蒲川(しょうぶかわ)

なっている。

　都市としての北京は、紀元前 12 世紀に燕の都、薊として歴史に登場する。しかしながら、現在の北京の原型となる都市が形成されたのは、時代が下って 13 世紀に元朝の都、大都が置かれてからである。その後、明代に入ると都は南京（当時は金陵）に移されるが、永楽帝時代（1421 年）の遷都により北京と改称され、紫禁城（故宮）を中心とした都城整備がなされた。

　明・清の時代を通じて都市整備が行われた北京は、紫禁城を中心に河川や池などが配され、緻密な水路網を介して物流が行われていた。清代には都の北西部に広大な昆明湖が造成され、湖畔に夏の離宮が建てられた。現在、観光客や市民の憩いの場となっている頤和園である。歴代の皇帝らは、紫禁城から長河を通って、船でこの夏の離宮に向かったという。また、市街の東部には、通恵河が京杭運河に通じており、都と華南地域を結ぶ舟運路が開かれていた。

●復活する歴史的な舟運路

　現在、故宮博物院となっている紫禁城とその南の天安門広場周辺には、夏になるとハスの花が池一面に咲く北海公園があり、故宮を囲む筒子河ではボート遊びもできる。北京中心部には、かろうじて水路網の面影が残されているものの、その多くは水が枯れて荒廃したり、埋め立てられたりした。

　そこで北京市政府は、4 つの目標を掲げて、1998 年から河川や運河などの改善計画を進めた。すなわち、①水を浄化する、②川の両岸を緑化する、③水

路を舟運に利用する、④循環水路を整備することである。

　4つ目の循環水路は、いわば首都周りの環状線のようなもので、最も内側の第一の環は天安門を囲む水路、その外側の第二の環は昔の北京中心部を囲む水路、さらにその外側の第三の環は現在の北京市街地を囲む水路であり、これらの水路と都市公園などもリンクさせて、水と緑のネットワークをつくる計画である（図4-19、4-20）。現在、継続的な保護修復工事によって、かつての水辺風景や優雅な歴史都市の表情が徐々に回復されてきている。

　京蜜水路は、北京における主要な市街地流路で、蜜雲貯水地から市街地への生活用水を保証するものだった。その下流は昆明湖を通っている。水道施設ができてから、この水路が果たす役割は、市街地の水路への給水だけとなってい

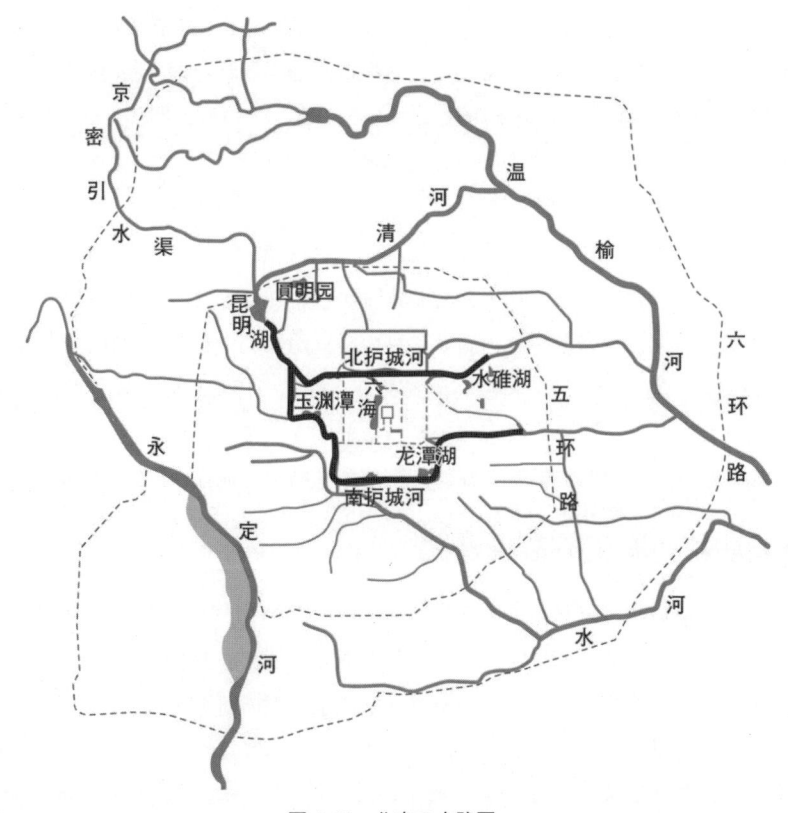

図4-19　北京の水路図

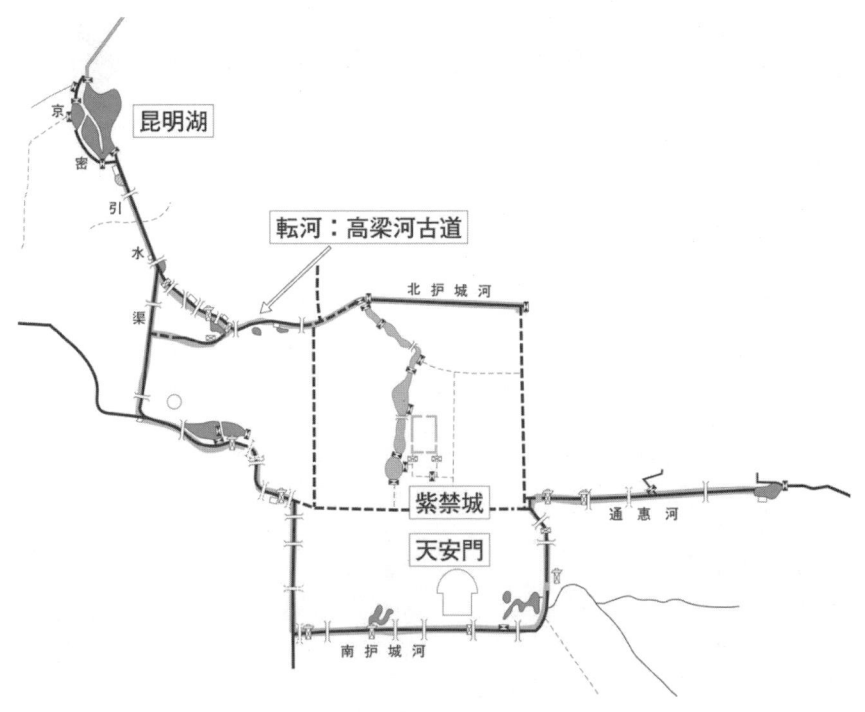

図 4-20　北京中心部の水路図（復元予定区間を含む）

た。そこで昆明湖より下流の京蜜水路、すなわち昆玉河（クンユーホー）は、1998 年に観光用の水路として整備された。1 世紀を経て復活したこの舟運路により、観光客は昆明湖（頤和園）から故宮の西にある玉淵潭（ぎょくえんたん）に船で行くことが可能になった。またその後、南環水系が整備され、玉淵潭から通恵河の高碑店湖（こうひてんこ）に直行できるようになった。

転河（てんが・高梁河（ガオリャンホー））は長河の下流域に位置し、かつて皇帝はこの水路を竜船（ドラゴンボート）に乗って夏の離宮や西山に赴いていた。

転河は、1970 年代の都市開発によって埋め立てられたが、都市の治水・排水をよくするために、2002 年に新たな転河が復元された（図 4-21、写真 4-70）。

この都市において歴史的、文化的に重要な役割を果たしていたこの水路の復元は、21 世紀の新たな北京の風景の創出となり、頤和園から北京動物園へも船で行けるようになった（写真 4-71、4-72）。

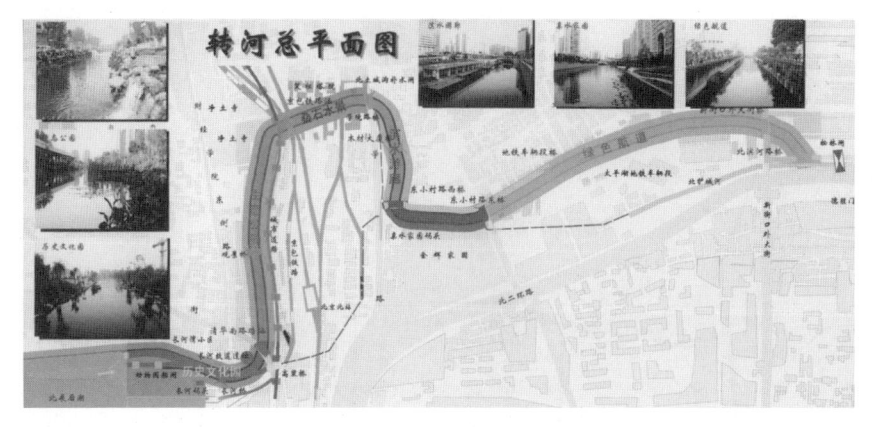

図 4-21 転河の復元計画図

写真 4-70 転河の再生前（左）と再生後（右）（自然的な河川が創出された）

写真 4-71 転河の再生前（左）と再生後（右）（荒れ果てていた水路が心地よい水辺空間に生まれ変わった）

写真 4-72　旧河川を保全して水路を再生した転河

写真 4-73　転河以外の河川でも水路の再生が進められている

　さらには、北护城河と転河下流の亮馬河の整備が完了すれば、西部の昆明湖から東部の朝陽公園まで、北京中心部の美しい風景を船に乗って見て回ることが可能となる。このようにして北環水系がつながることになる（写真4-73）。

●河川環境・景観への配慮

　北京の伝統的水路（運河）は概して直線であった。しかし、この度復元されている水路は、自然環境や景観の保全、市民や観光客のアメニティのために、ある程度の蛇行を設けて心地よい景観形成に努めている。

　また、船の航行時に生じる波浪の影響をなくすために、護岸の建設にあたっても技術的に配慮している。例えば、水際線の石材には凹凸を設けて消波効果を持たせたり、消波杭を使ったり、水際にショウブやアシなどの水生植物を植栽したりと工夫を凝らしている。

　さらに可能な限り、コンクリートの河床と護岸を排除している。船の航行時、

写真 4-74 再生された水路を巡る遊覧船

写真 4-75 転河のリバー・ウォークと船着場

写真 4-76 再生された転河と河畔は、北京に新たな風を運ぶ

水路沿いに高層ビルがあっても、乗客は田園を流れる河川のような風景を楽しむことができる。また、船の設計も、陸上輸送に代わる水上輸送の重要性をも視野に入れて、それぞれの流路の特性に合わせて考えられている。

これらの水路には船着場が設けられ、河畔にはリバー・ウォークが整備されている（写真 4-74、4-75）。新たな水路沿いのビルは、値段が上がったという。

中国では社会の発展に伴って、水環境はますます注目を浴び、多くの隠れた水路が河川として日の目をみることが予測される（写真 4-76）。しかも、川の再生のみならず、周辺の都市再生と連動しており、北京では水上交通の復活も見据えている。

●特徴と展望

かつての北京における交通・輸送の手段は運河を通る船が主体であったが、自動車の普及により道路主体に大きく変わった。その結果、かつての運河は埋

め立てられ、都市から水辺の景観が消失して行った。

　北京では、オリンピックを契機に、国際都市への発展のため、都市の環境や景観の再生を目指し、かつての運河や河川の再生を大規模に推進してきた。その代表的な川である転河では、一度は埋め立てられて道路となっていた川を、道路を撤去し、川を掘り起こして再生し、河畔に公園や緑地、そしてリバー・ウォークや船着場を設け、その周辺の都市を再開発している。その再生は、上海で見たように、土地が公有であることもあって、行政のリードで、大規模かつ短い期間で進められている。このような都市の川の再生は、転河のみならず、北京の河川・運河網の広い範囲で行われている。

　北京の取り組みでは、国際都市として環境や景観を再生するだけでなく、北京の歴史と文化に基づき、かつて皇帝が利用した運河を再生し市民にも開放することにより、都市における水の持つ意義の現代的な見直しも行われている。北京では徐々に水上交通も復活を始めており、それも含めて、アジアで急ピッチに進められている川の再生から都市再生を進める事例の一つとなっている。

　ソウルの清渓川の事例とともに、川と道路との関係を再構築した事例として、さらには都市再生を連動させた事例として大いに注目されてよいであろう。

6 バンコク・チャオプラヤ川と運河

●舟運が盛んな水都バンコク

　チャオプラヤ川は、全長約1 200km、流域面積16.3万km^{2}のタイ第一の大河川で、その流域はタイ西部のほぼ全域を占めている（図4-22、4-23）。ミャンマー、ラオス国境付近の山岳地帯の水を集めて北から南へと流下し、広大なデルタ地帯を形成してタイ湾（バンコク湾）に注ぐ。下流域には現在の首都バンコクをはじめ、アユタヤやトンブリーなど歴代諸王朝の都が位置しており、この国の政治、経済、文化の中心地域となってきた。なお、チャオプラヤ川はメナム川とも呼ばれるが、これは外国人による呼称である。

　チャオプラヤ川は古くから水上交通路として重要な役割を果たしてきた。特に、バンコクを含むタイの平野部では、チャオプラヤ川の本流や支流、運河（クロンと呼ばれる水路）などの水路網が張り巡らされ、集落の多くはそれらの水路に沿って展開している。船は、人々や物資の移動のみならず、稲作の際にも利用されていた。また、流域の伝統的な家屋は、洪水時の浸水を想定して建てられた高床式住居であるが（写真4-77）、洪水時には船が移動手段ともなった（写真4-78）。さらには、バンコクをはじめとする下流域の歴代の首都は、この川を通じた外国と

図4-22　タイとその周辺国

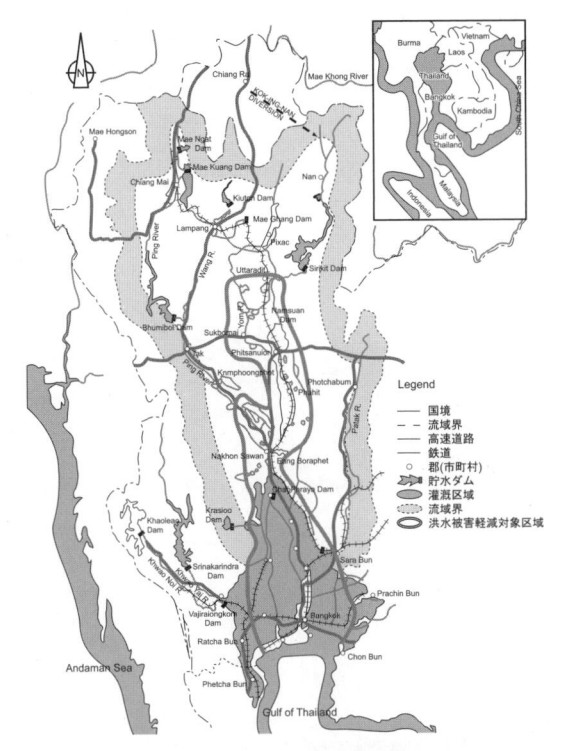

図 4-23　チャオプラヤ川流域図

写真 4-77　高床式住居となっている河畔の家

の交易によって栄えてきた歴史を持つ。
　チャオプラヤ川は、今なお舟運が盛んな世界有数の川である[1),5)]。現在、バンコクには1 000を超える運河があり、それらの総延長は1 900〜2 000kmに及ぶ。チャオプラヤ川では、木材、建設用の土砂、日用品など、さまざまな物

6　バンコク・チャオプラヤ川と運河　211

資を積んだ船がひっきりなしに往来している（写真 4-79）。バンコク市内では、車の渋滞で時間の読めない道路交通に対して、通勤・通学用に渋滞のない乗り合いの水上タクシーが市民の足となっている（写真 4-80、4-81）。

また、チャオプラヤ川の河畔には歴史的な仏教寺院や世界的にも知られる高

写真 4-78　1942 年のバンコク都心部（王宮付近）での浸水（船は洪水時の移動手段でもあった）

写真 4-79　物流の船も盛んに往来している（左：荷を積んで下る船、右：荷を降ろして上る船）

写真 4-80　バンコク市内のチャオプラヤ川は観光船が盛んに航行している

級ホテルなどがそびえており、観光客にはこのような河畔の景観を楽しむ遊覧船や、水上マーケットの小舟なども人気である（写真 4-82 〜 4-84）。いくぶ

写真 4-81　バンコクでは日常的に船が利用されている。チャオプラヤ川の観光船（左）と、水路（クロン）を高速で走る水上タクシー（右）

写真 4-82　オリエンタルホテル（画面中央）も小さくみえるほど、チャオプラヤ川の河畔にはホテルなどの高層建築が増えている

写真 4-83　観光客に人気の水上マーケット

写真 4-84　河畔の寺院

ん涼しくなる乾季の 11 〜 12 月には、ライカトン祭（灯篭流し）をはじめとするさまざまな祭りが行われるが、そこでも船が活躍する。人口 1 000 万人を擁するアジアの大都市バンコクは、今も昔も船が行き交う水の都なのである。

●都市化が招いた水害

　熱帯モンスーン気候の影響下にあるチャオプラヤ川流域の平均降水量は年間約 1 160mm で、その多くは 5 月から 10 月にかけての雨季に集中して降る。この流域は世界有数の穀倉地帯であり、かつては自然の降雨と川の氾濫に適応した浮稲（洪水氾濫の水位上昇にしたがって成長する稲。フローティングライス）を中心とした稲作が行われていたが、大規模な灌漑事業の進展によって、より安定した農業用水の供給や排水路の整備がなされてきた（図 4-24、写 4-85）。

　チャオプラヤ川流域には現在、タイ国全体の人口の約 38％にあたる約 2 300 万人が住み、国内総生産（GDP）の約 58％がこの流域で生産されている。そのうち約 78％の GDP は、穀倉地帯とバンコク首都圏を含む中・下流域の氾濫原とデルタでの生産によって占められている。

　近年、バンコク首都圏周辺では稲作が行われなくなった。首都圏北東部のランジット地域などは 1980 年代には一面が優良な水田地帯であったが、果樹や野菜の栽培などを中心とした都市近郊型農業への転換が起こっている。また中流域では、伝統的な浮稲栽培から、稲の背丈が低く生産性の高い品種の栽培が行われるようになっているが、この稲は長期間の浸水に耐えられないため、農

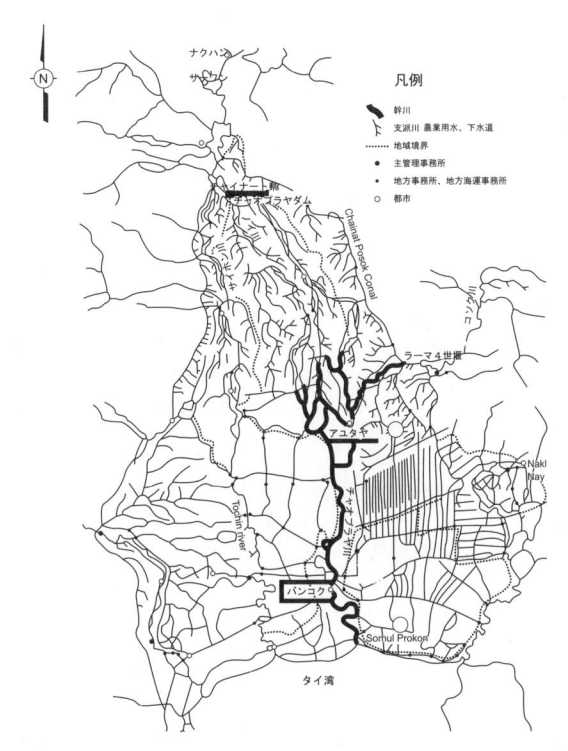

図 4-24　氾濫原およびデルタ地域図（中流域東部には農業用水路が整備されている）

地の洪水防止対策が講じられるようになった[1],[2]。

　このように、チャオプラヤ川流域では、かつては自然に氾濫する洪水を前提とした暮らしの中に、洪水を貯留・調節する機能が備わっていたのだが、後述するように、都市化とともに水害を許容しない暮らし方に転換していったことが、近年の水害の本質的な原因となっており、さらに農地の洪水防止対策により下流域に流下する洪水流量が増大するという問題も起こっている[1]（図4-25）。

写真 4-85　上流部にはダムが設けられている

　人口の増加と経済成長の著しいタイでは、バンコク首都圏を中心に急激な都

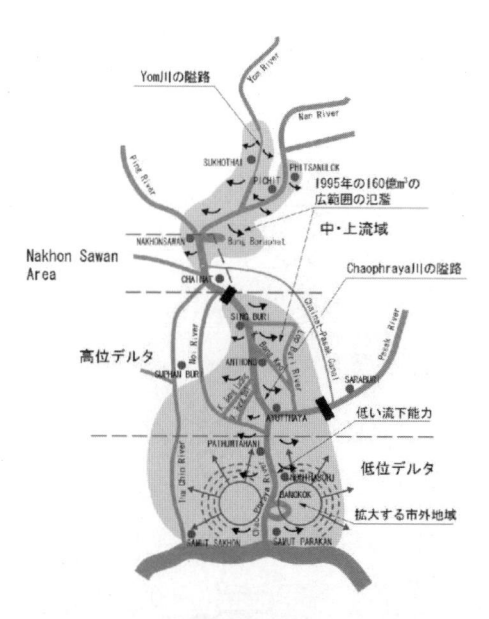

河川と洪水の条件

地域名	河川名	範囲	流下能力 (m³/s)	1995年の氾濫流量
中・上流域	Nan	Phisabulokから Chao Phrayaまで	1,000～2,000	50億m³
	Yom	Sukhothaiから Nanまで	50～1,100	
Nakhon Sawan地域	Chao Phraya	Nakhon Sawan からChainatまで	2,500～4,500	10億m³
高位デルタ	Chao Phraya	Chainatから Ayutthayaまで	4,200～1,300	70億m³
低位デルタ	Chao Phraya	Ayutthayaより下流	2,900～3,200	30億m³
	Chao Phraya	MBA洪水バリア*	3,600	

＊：継続中のプロジェクト

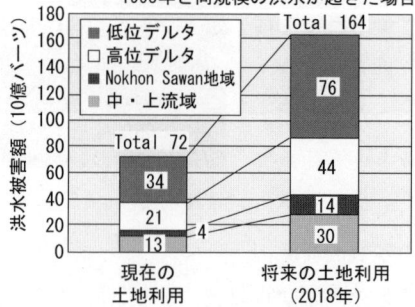

図4-25　洪水による被害額の増大[1]

市化が進み、道路整備、住宅開発なども行われてモータリゼーションの時代となった（図4-26、4-27）。これら都市化に伴うさまざまな問題が顕在化したのは、1980年代の初めごろである。未整備な道路状況のもとで車が急激に増加したために、大気汚染と騒音、交通渋滞が日常化した。さらに、もともと浸水の可能性がある地域で治水施設が未整備なまま都市化が進行し、それに加えて、地下水の汲み上げによる急激な地盤沈下が起こったために、いわゆる都市型の深刻な水害に見舞われるようになった（**写真 4-86**）。

なかでも1983年の雨季の洪水では、バンコク首都圏の中心部や東郊外など広範囲にわたって浸水した。最も地盤沈下が進行していたところでは、浸水が3カ月も続き、交通が途絶して都市機能が麻痺した。また、家屋などの浸水被害に加えて、汚染された水を介して皮膚病などが蔓延

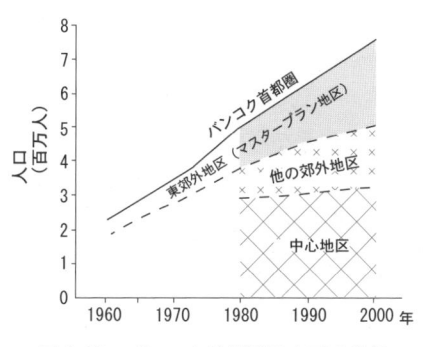

図 4-26　バンコク首都圏の人口の増加

(1958)　　　　　　　　(1984)

図 4-27　バンコクの市街地拡大

写真 4-86 モータリゼーションの発達につれて、洪水時には都市機能が麻痺するようになった

し、社会問題となった。

　1980年代は下水道が未整備であり、農業用水路であるとともに人々の移動の経路ともなっていた水路（クロン）の水質汚染も深刻化した。未処理のまま排水された家庭や工場、事業所などからの汚水によって、クロンの水はどす黒く濁り、悪臭を放つようになった。洪水時にはこの汚染された水が氾濫し、不衛生な状態が生じた。また、チャオプラヤ川本流も、河川の流量が減少する乾季には、下流域の水質悪化が問題となった。

　1983年の洪水後も、1995年にはチャオプラヤ川の中・下流域や上流部の都市などで広範囲にわたって水害が発生し、家屋・商業・工業、公共施設や農作物などが浸水によって大きな被害を受けた。翌1996年や2002年にも、チャオプラヤ川流域全体で水害が発生している。

●水との共生

　このように、河川の流下能力不足に加えて、氾濫デルタでの開発が進んだことによって雨季の洪水災害の危険が増したため、その対策が大きな課題となった。バンコク首都圏では、水害を軽減するための治水という基本的なインフラ整備と都市利用面での対応が重点的に図られるようになったが、当初、行政当局にとってこの問題は未経験のものであり、その取り組みは手探り状態であった。しかし、日本やオランダなどの国々からの技術協力もあって、徐々に本格的、かつ適切なものとなっていった。

　なかでも1983年の洪水後、日本の技術協力を受けてバンコク首都圏庁が策定した東郊外流域（流域面積約5 000km^2）の治水計画では、外周堤防の外側

の水田地域をグリーンベルト地域として保全・活用するとともに、外周堤防の内側にさらに第二の堤防を設け、二つの堤防の間で遊水機能を持たせるなど、農地保全、水利用、社会環境、自然環境などに配慮した総合的な洪水対策のマスタープランが策定されている（図 4-28）。

また、バンコク首都圏のチャオプラヤ川沿岸には、越水を防御する堤防（洪水壁）が設けられるようになった（写真 4-87）。一部の地域では、洪水時には土嚢を積むといった従来の対応がなされているが、現在は計画の約 80〜85% の堤防が完成している。

さらに、バンコク市内には、水の流れを良くするための大小併せて 2 000 ぐらいの排水設備や移動式のポンプなどが備えられており、毎秒 1 700m^3 の水を処理できるようになっている（写真 4-88）。これらの設備は、チャオプラヤ川の 2 カ月にわたる増水期などにフルに稼動している。

そのほか、洪水防御センターを設け、気象用のレーダーなどを使って、バンコク市内に流れ込む流量などを事前に予測したうえで洪水防御対策を行うようにもなっている。

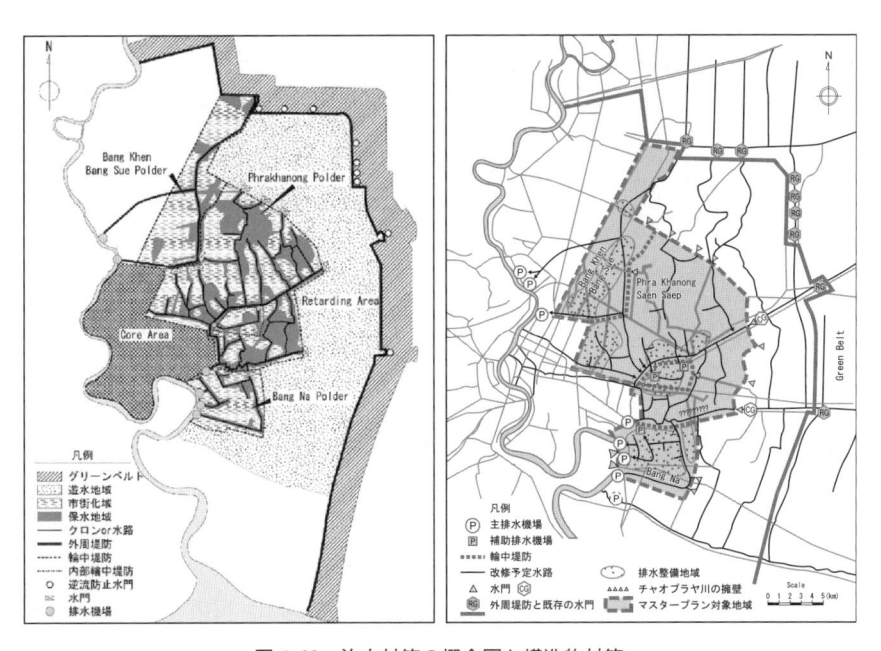

図 4-28　治水対策の概念図と構造物対策

写真 4-87　バンコク首都圏での堤防の設置 　　写真 4-88　排水ポンプなどで水をコントロールすることも行われている

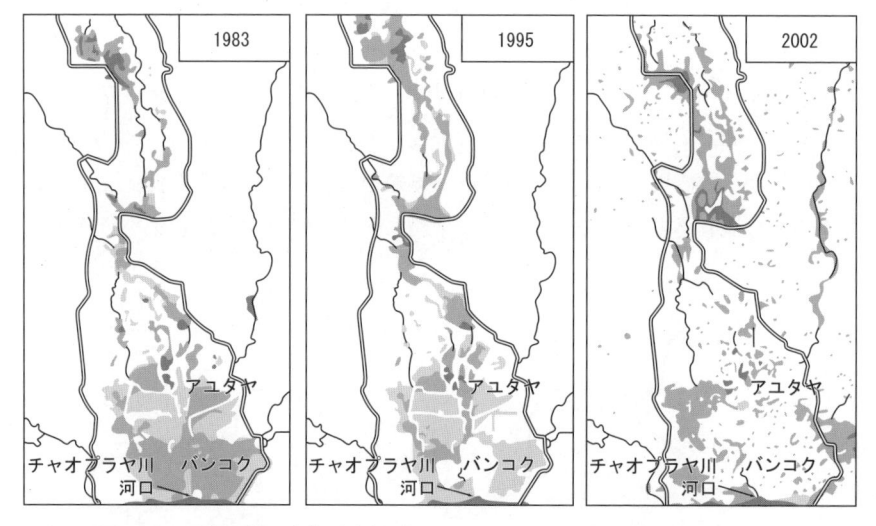

図 4-29　浸水区域の変化（治水対策によりバンコクの浸水区域は減少している）

　これらの治水対策により、バンコクの水害は大幅に軽減されている（図 4-29）。
　運河の水質改善に向けては、下水道の整備や水の浄化を行うようになり運河に堆積したゴミの浚渫や排水処理施設の整備も進んでいる。
　また、住民の意識変革もみられる。流域 4 県の一部住民は、環境保全グループを立ち上げ、環境回復に向けた取り組みを始めている。
　このようにチャオプラヤ川およびバンコク首都圏では、ハード面とソフト面において洪水対策や水質浄化を行いながら、水と共生する都市づくりが行われている。

●特徴と展望

チャオプラヤ川は、歴史的にも、そして現在においてもタイ国の交通、生活、文化の要の川である。

タイの人々は、チャオプラヤ川と張り巡らされた運河網で、洪水と共生しつつ農業を行い、生活してきたことから、川や水路(クロン)は生活の一部であった。しかし都市化の進展とともに生活から川が切り離され、船に変わって自動車が移動手段の中心となった。また、洪水と共生してきた高床式の家屋から洪水の浸水を許容できない都市型の家屋となり、洪水をいかに防ぐかが問題となった。さらに都市に水を供給するための地下水の汲み上げに起因した地盤沈下の発生により、洪水の危険を増大していった。

都市化の進展とともに問題となった洪水氾濫に対しては、まちなかの水路(クロン)からの氾濫を防止(輪中堤防の整備、水路の流下能力の向上、ポンプ排水など)するとともにチャオプラヤ川の両岸に堤防を設けて氾濫を防止する対策が講じられてきた。そして、排水やゴミにより環境が悪化したクロンにおいて水質などの対策が講じられ、その改善が行われてきた。

チャオプラヤ川では物流や市民の足としての水上バス、観光舟運、そしてクロンでも水上バスの運行が途絶えることなく行われている。チャオプラヤ川を中心としたタイの河川舟運は、世界でも最も盛んであるといえる。

また、クロンの水質改善と同時に、クロンの空間をパス・ウエイ(通路)として整備することやチャオプラヤ川の河畔にリバー・ウォークを整備することも進められている(写真 4-89)。

写真 4-89　河畔に設けられたリバー・ウォーク(川に設けられた堤防、防水壁の前面に整備)

このような水に係る問題への対策を講じつつ、川や水路の再生とともに、川から都市の再生をすることが、人々の移動、観光利用などの面で進められている（**写真4-90**）。

チャオプラヤ川をみると、河畔には多数のホテルや高層住宅群が林立し、川面では観光などの舟運が盛んにおこなわれている。

写真4-90　古都アユタヤとバンコクを往来する観光船（チャオプラヤ川流域は川が育んだ歴史、文化が息づいている）

歴史的にも、そして現在でもアジアを代表する大都市である水の都バンコクにおける川を生かした都市形成、そして川や水路の再生、川からの都市再生の事例として知られてよいであろう。

〈参考文献〉
1) 吉川勝秀：『流域都市論－自然と共生する流域圏・都市の再生－』、鹿島出版会、2008
2) 吉川勝秀：『人・川・大地と環境－自然と共生する流域圏・都市－』、技報堂出版、2004
3) 吉川勝秀編著：『多自然型川づくりを越えて』、学芸出版社、2007
4) 吉川勝秀：『河川流域環境学－21世紀の河川工学－』、技報堂出版、2005
5) 三浦裕二・陣内秀信・吉川勝秀編著：『舟運都市－水辺からの都市再生－』、鹿島出版会、2008
6) リバーフロント整備センター（吉川勝秀編著）：『川からの都市再生』、技報堂出版、2005
7) 黄祺淵他著・リバーフロント整備センター監修：『清渓川復元　ソウル市民葛藤の物語』、日刊建設工業新聞社、2006
8) 高雄市政府工務局編：『飛躍成長・幸福高雄』、高雄市政府工務局、1996
9) 高雄市政府環境保護局 "Environmental Protection and Pollution Control in Kaohsiung City, R.O.C."、1999
10) 高雄市政府交通局：『愛の船「愛河之心」溯航導覧』、2007
11) 高雄市政府工務局・新自然主義股份有限公司：『聴、湿地在唱歌　城市的生態復育手冊』、2006
12) 全学一、山田啓一：「上海における水害問題とその対策」、『水利科学』、第35巻第6号（通算号203）、1992.11
13) 砂田憲吾編（吉川勝秀他著）：『アジアの流域水問題』、技法堂出版、2008
14) 吉川勝秀編著：『河川堤防学－新しい河川工学－』、技報堂出版、2008

第5章
今後の展望

本章では、世界における川からの都市再生の事例から、知見を整理するとともに、日本におけるこれからの時代の都市再生、特に川からの都市再生について展望する。

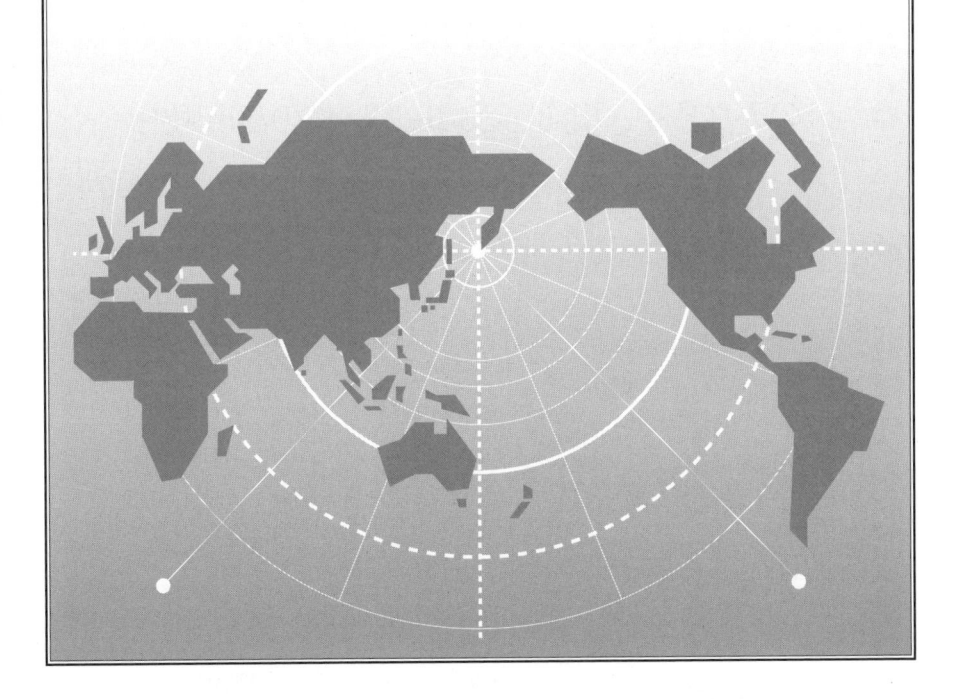

1 世界の事例からの展望

本書で紹介した川からの都市再生の事例からは、以下のことが知られる(表5-1、P.235)。

●川や運河、堀、湾岸などの水辺からの都市再生

都市の再生や形成は、道路や街路を整備して行う時代から、歴史を踏まえ、自然を有する連続した空間である川や運河、堀、湾岸などの水辺を生かして行う時代となっている。そして、通過交通を含む自動車を処理するために建設された道路を撤去して、川を再生し、あるいは緑の空間として再生する時代となっている。そのインパクトのある事例としてソウルやボストン、ケルンやデュッセルドルフの例がある。

●河畔のみならず、川沿いの幅広い区域の都市再生

川の再生のみならず、連続した沿川の都市再生が行われている。これは、例

写真 5-1　シンガポールのシンガポール川とその沿川の再開発

えば六本木や汐留など特定の地区における再開発ではなく、ある程度の広がりのある都市域の再生である。

その例は、シンガポール、高雄、北京、ボストンの事例にみることができる（写真5-1～5-4、図5-1、5-2、および第4章図4-19、4-20と写真参照）。

写真5-2　台湾・高雄の愛河と都市の中のブールヴァール（並木のある幅の広い道路）

図5-1　台湾・高雄市の都市計画図（中央に愛河が流れ、河畔の公園や緑道があり、都市内に緑地とブールヴァールが示されている。高雄市政府資料より作成）

1　世界の事例からの展望　225

写真 5-3　北京の転河とその沿川地区の再開発（左：再生前、右：再生後）

写真 5-4　ボストンの道路撤去により空が開けた中心地

●道路を撤去し、自動車を都市に入れないことによる都市再生

　これは自動車の交通を処理するための道路を都市につくるという、20世紀の都市のパラダイムを転換するものである。今日、都心部に通過交通を引き入れることは、都市経営的にみて、交通渋滞、大気汚染や騒音による環境問題、さらには都市の貴重な空間を道路に占拠させることの問題などから、時代遅れのパラダイムであるといえる。

　都市内の道路を撤去し、川を再生したり、緑地として市民に開放することが、20世紀後半から行われるようになっている。そのインパクトのある事例として、ソウル、ケルンとデュッセルドルフ、ボストンを紹介した（写真5-5～5-7、図5-3、および第3章図3-2参照）。特にデュッセルドルフでは都市再生と同時に、都心部への道路交通の乗り入れも規制している。

　19世紀後半からの都市の骨格を形成する樹木のある幅の広い街路（ブール

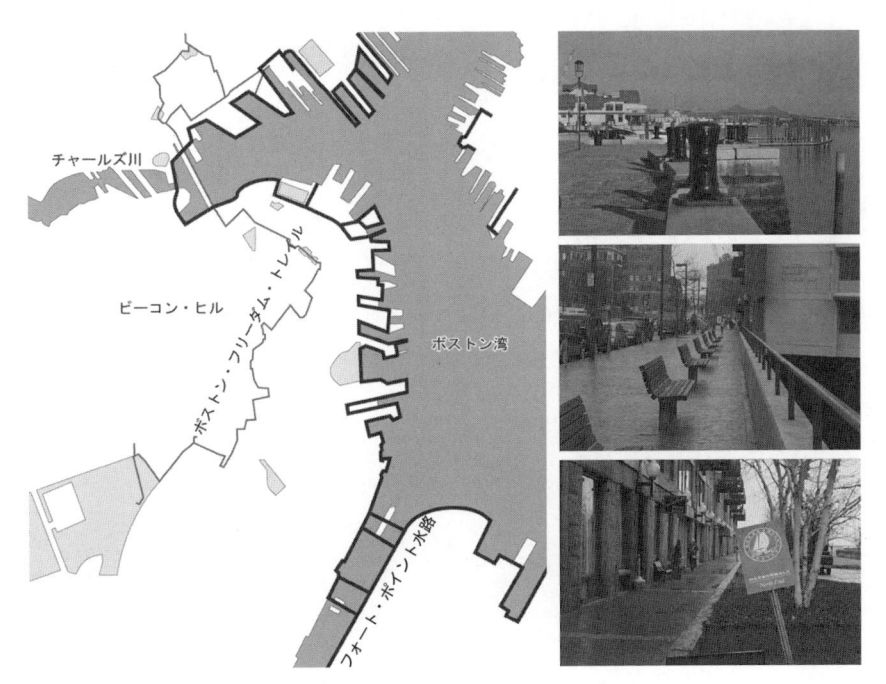

図5-2　ボストンのハーバー・ウォーク

ヴァール）と公園を整備してきたが、その後、急激に増加した自動車を都市内で処理するために道路を整備するようになった。前者の都市計画では、街路は都市の骨格を形成するものであり、道路の幅を交通量に応じて決めるのではなく、樹木のある幅の広い道路を設けるようにしていた。しかし、後者の都市計画では、道路の幅は交通量で決められ、もっぱら交通量を処理する空間を都心部に設けることとなった。それは、交通を処理するうえでは必要な空間であるが、都心部に通過交通も引き入れ、さらに交通渋滞の原因となり、大気汚染や騒音などの環境問題を惹起し、都市の環境などの面では問題のある空間となった。

　これからの時代は、都心部に通過交通を含む自動車を引き入れる時代ではない。それを端的に示した事例が、ソウルの道路撤去・清渓川の再生の事例であり、ケルンやデュッセルドルフ、ボストンの事例である。これからは都市の貴重な空間である川を占拠してきた道路を撤去し、川と道路の関係を再構築する時代であるといえる。

1　世界の事例からの展望

写真 5-5　ソウルの道路撤去、清渓川の再生（左：撤去前、右：撤去後）

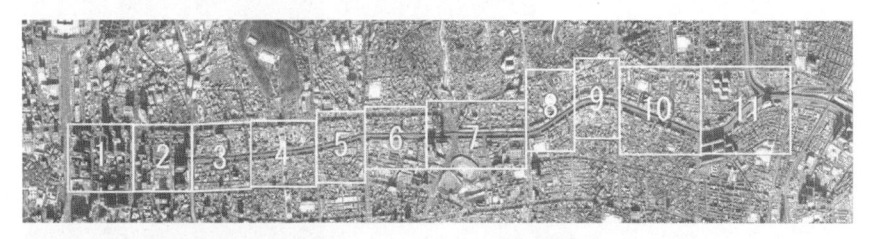

図 5-3　ソウルで道路が撤去され、清渓川が再生された区間

写真 5-6　デュッセルドルフのライン川河畔と河畔の都市再生

●川の再生、川からの都市再生は、より大きな目標を目指して

　都市における川の再生、そして川からの都市再生は、単に川という空間の再生や沿川の都市再開発を示すのみでなく、より根本的には、その都市の歴史・文化を踏まえ、将来に向けての都市の魅力を創出するものである。

写真 5-7　ボストンでの道路撤去（左：撤去前、右：地下化後〈右上は想像図〉）

　ソウルでは、都市再生のリーディング事業として川の再生、川からの都市再生が行われている。清渓川の再生は、道路を撤去して都心に乗り入れる自動車を排除するとともに、川の再生をきっかけとして環境や文化を見直し、人に優しい都市に再生することを目指している。撤去した道路（高速道路の一部となっていた高架道路と平面道路）の交通量は日量 17 万台を有していたが再建はしなかった。モータリゼーションが発達した 20 世紀の都市経営では、多くの都市で河川や運河を埋め立て、あるいはそれを覆うことで道路を建設し、都市に通過交通も含む自動車を引き込み、都市環境を悪化させてきたが、この事業ではそれを逆転させて環境、文化を再生し、人にも優しい都市に再生している。この面で、21 世紀の都市経営において、清渓川の再生は、都市の中の川をはじめとする水辺と道路の関係を再構築するうえでの先進的な方法である。世界の大都市経営に与える影響も大きなものがあり、世界的、歴史的な意義があると思われる。

　マージ川の再生では、川や運河の水質改善と生態系の回復、そして水辺の都市の再開発を進めているが、その大きな目標としては、民間セクター、公共セクター、ボランタリー・セクターのパートナーシップのもと、環境的な持続可

1　世界の事例からの展望　**229**

能性（水質、生物多様性）、経済的な持続可能性（沿川の土地の再生）、社会的な持続可能性（コミュニティー・ネットワーク）を追求するとしている。第3章で述べたように、1985年から2010年まで25年のスパンを設け、より大きな目標を設定して、川や運河（水系）の再生、川からの都市再生を進めている。

●川からの都市再生は経済の再生
（水辺再開発、住宅への転用、観光）

　川の再生、川からの都市再生は、経済の再生に結びつくものである。20世紀後半から行われてきたように、河畔や湾岸などの港湾関係施設を住宅や商業施設に転換し、あるいは新たな商業地区として再開発を行うことにより、都市の機能が更新される。かつてのウォーター・フロントの再開発は経済の活性化に寄与してきた。

　川や運河の再生とともに、沿川などの地域の都市再開発が行われると、その事業の経済効果のみでなく、再開発された地域での継続的な経済活動により、大いに経済が活性化される。その典型的な例は、ロンドンのドックランドの再開発、東京の隅田川沿川である大川端再開発などである（写真5-8、5-9）。ボストンやマージ川（サルフォード、キーズ地区など）などにみられるような、かつての工業用地や港湾などの施設を住宅や商業施設へ転換することも同様である（写真5-10〜5-12、および第3章の写真参照）。

　また、いわゆる都市観光やツーリズムなども、これからの経済的な面で重要な要素である。その典型的な例は、サンアントニオ川やシンガポール川、隅田川などである。旅行者のみならず地域住民も含めた都市観光、ツーリズムの面では、水辺そのものの価値が認められている。その事例としては、マージ川流域やボストン、高雄、徳島などがある（写真5-13〜5-15、および第3、4章の写真参照）。

●川の再生、川からの都市再生の推進力

　川の再生、川からの都市再生の推進力は、事例によりさまざまであるが、類型化すると以下のようなものがある。
① 強力なリーダーシップによる推進

写真 5-8　ドックランドの再開発（ロンドン）

写真 5-9　隅田川の沿川の大川端再開発（東京。かつての工業用地の転換。東京都資料）

写真 5-10　住宅に転換された港湾施設（ボストン）

写真 5-11　住宅、レストランなどに転換された河川港湾施設（ロンドン）

　この例は、ソウル市長の強力なリーダーシップによる道路撤去・清渓川の再生、シンガポール元首相の強力なリーダーシップによるシンガポール川の再生とその沿川の再開発、上海市長がリードして市民とともに取り組んだ蘇州河再生とその沿川の再開発、北九州市長の強力なリードによる紫川とその沿川の都

1　世界の事例からの展望　231

写真 5-12　観光施設に転換された河川港湾施設（リバプール・マージ川）

写真 5-13　水辺の利用（マンチェスター・運河）

写真 5-14　水辺の利用（高雄・愛河）

写真 5-15　水辺の利用（徳島・新町川）

市再生、州知事選挙や連邦との関係で紆余曲折があったものの政治的なリーダーシップによるボストンの高速道路撤去などがある。

② 行政の主導による推進

この例は、高雄の愛河、東京の隅田川とその沿川、ボストンの湾岸などにみられる。高雄の例では、行政による愛河の再生、そして都市計画と連動した沿

川地区の再開発が行われており、単に川の再生、川からの都市再生にとどまらず、都市計画と連携して都市再生が広範囲に進められているのが特徴である。ボストンの湾岸地区の再生も、港湾施設の住宅などへの転換などにおいて、湾岸にハーバー・ウォークを設けて市民に水辺を開放することを義務づけるなど、都市計画的な面での誘導・規制が大きく寄与している。

③ 市民主導による推進

この例はそれほど多くはないが、マージ川における市民主導での水辺の再生と利用や、徳島の新町川における市民主体、行政参加による川からの都市再生がある。もちろん、いずれの例においても、行政は約束事項（事業、規制など）を着実に実行し、護岸整備などのインフラ整備や水質浄化などで貢献しているが、それをパートナーシップで奨励・鼓舞すること、あるいは水辺を利用することで、市民のリードがあった。

徳島の事例では、県や市は護岸の整備や河畔公園の整備で多くの事業を実施し、市民（商店会）が河畔にボード・ウォークを整備したりしているが、それを都市に生かすうえで市民団体が大きく貢献している。遊覧船の運航（無料）や河川清掃、各種イベントなどを行っているNPO新町川を守る会の中村英雄理事長は、川の再生、川からの都市再生は「市民主体、行政参加」が重要であるとし、それを実践している。徳島市は、阿波踊りと眉山しか観光資源がないといわれてきたが、新町川からの都市再生、都市の活性化が進んだこともあって、今日では「水の都・徳島」として積極的に広報をするようになっている。

市民主体のものは、継続性があることが特徴であり、行政や企業の協力をいかに取りつけていくかが重要である。川にかかわる市民団体では、あたかも行政に寄生したり、あるいは行政に抱えられたりしている例が多くあるが、そのような市民団体では、市民主体・行政参加とはなりえない。徳島の新町川を守る会のように、自律的に活動し、市民、行政、企業に信頼される主体は、現時点では稀有な例であるといえる。

④ 推進のタイミングの問題

川の再生、川からの都市再生には、その将来像を描くことに加えて、それを実行に移すタイミングが重要である。強力なリーダーシップが発揮されるには、政治的な市長や州知事選挙のタイミング、さらには市長や州知事の任期などが

重要な要素となる。

　行政が主導するものは、一般的にはスピードが遅く、継続性に課題がある傾向があり、かつ市長や州知事などのトップの理解や承認が必要である。

　後述する日本橋川を占拠する高架の首都高速道路の撤去について議論されるようになったが、日本橋川を開放するには、次の東京オリンピック前、あるいは東京都知事選挙などが、そのタイミングとなるであろう。行政の議論には、実践の期限がなく、政治や議会の決断が、実践には必要であるといえる。

●社会的共通資本の再生には公的な関与が必須

　川や運河などの再生、川からの都市再生では、川や運河、湾域の水質改善やリバー・ウォークの整備などが必要となる。そのような社会的共通資本（社会インフラ）の再生などには、公的な主体の関与が必須である。民間がそのような再生の主体となることは現実的でない。社会的共通資本の再生・整備は行政が行い、民間はそれを生かしつつ、あるいはそれに協力しつつ活動するのが現実的である。

　日本でみられる民間デベロッパーによる都市の一部地区の再開発は、都市の広域的な再生ではなく、その地区内だけで行われ、都市の社会的共通資本の再生や形成にはほとんど寄与していない。むしろ既存の社会的共通資本を利用するだけであり、あるいはその利用などの面で負荷をもたらすことも多いのが実情である。すなわち、民間デベロッパーによる再開発は、利益を追求するため、公的空間、社会インフラが貧弱であり、都市の公的資産の形成への寄与が少ないことが多い。例えば、東京の汐留や六本木の再開発などはその代表例であり、都市の社会インフラへの寄与は少なく、むしろ各種の問題を生じさせている。

　川や緑地、歩行者空間などの公共空間の確保といった都市の社会的共通資本の再生や整備には、行政の関与とリードが必要である。それは、本書で紹介した川の再生、川からの都市再生においては、ほぼすべての事例で行われてきたことである。それが強力に行われた例は、ボストン湾の浄化、シンガポールのシンガポール川、ソウルの清渓川、上海の蘇州江、北九州の紫川の再生などである。

表 5-1　川からの都市再生事例の概要

分類	流域名	特　徴	展　望
日本の事例	東京・隅田川	・東京を代表する河川。 ・アジアでも最も早い時期に河川およびその周辺環境が悪化し、そして最も早く再生された。 ・水質浄化や堤防の緩傾斜化やスーパー堤防、川の中のリバーウォークの整備を行うことで都市の空間インフラとしての河川を整備。 ・民間(企業)の再開発と連携して都市空間を整備。	・隅田川に流入する神田川や日本橋川においても川と道路の関係から再構築、川の再生、川からの都市再生が進められようとしている。 ・2010年「水の都東京」開催予定。 ・2010年は、東京の基盤を形成した荒川放水路の整備から100年、なった1910年(明治43年)の利根川氾濫からそれを受け入れそれに先立つ利根川や利根川の東遷事業が先にある鬼怒川・小貝川で始められてから約400年にあたる。
北九州・紫川		・城下町・小倉のシンボルであった河川。 ・高度経済成長とともに河川が汚染され、河畔にはごみが投棄され、川沿いなど都市の裏側の空間となった。 ・法的による河川護岸の建て替えられることになる都市の裏側の空間となった。 ・河川インフラの整備と民間の動きとが連動して都市開発を中心として進められた。 ・市長と行政が強力なリーダーシップを発揮して比較的短期間に広い範囲にわたって川と河畔の再開発が行われた。	・再生された河畔では民間の商業活動とともに市民による河川にちなんだイベントが行われている。 ・北九州の経験は環境共生都市の手本であり、この経験をアジアの都市にさまざまな形で伝達していくことが望まれる。
大阪・道頓堀川、大川		・防潮水門で高潮災害を防ぐ方式を採用したことが川との近い関係にある。 ・河川水害周辺環境再興がある。 ・中之島周辺や寝屋川周辺などには、まとまった緑地があり、それが川と結びつく。良好な河川と河畔の環境を形成している。 ・大阪城堀の周辺には多くの人工的な船着き場に船着場もあり、水辺の動脈ともなり、河畔のまちが形成されてきた。その代表的なものが、道頓堀川。 ・道頓堀川では、上下流の合流地点付近に水閘門を設け、水害防止を行っている。 ・水閘門を設けたことで、道頓堀川では一定の水位が確保され、川の水面に近い場所にリバー・ウォークが設けられ市民に提供されるようになった。リバー・ウォークの整備と、川の水質改善、川の中のリバー・ウォークの整備、そして船運が可能となり舟遊びが高まっている。 ・川の水質の小規模な川の再生が行政と民間企業との連携という比較的小規模な川の再生が行われ、それが大阪という都市全体の再生にも寄与している。	・大阪には長い歴史を有する天神祭があり、大川を中心として河川舟運も再興されている。 ・2009年「水都大阪2009」開催予定。 ・かつて日本を代表する水辺の都市であった大阪がこれを契機として水辺からの再生され、経済的にも繁栄することが期待される。 ・埋め立てられた堀川、上空を高架の高速道路に占用された堀川の再生も進められてよい。

分類	流域名	特　　徴	展　　望
日本の事例	名古屋・堀川	・名古屋城の築城とともに人工水路として誕生した。 ・他市の掘割と同様に都市の発展とともに汚染でもされた水面へ。 ・堀川とその沿川の紫川、北九州の都市再生された事業。 ・行政による堀川水質の浄化への取り組みを中心に、リバー・ウォークの整備、河川舟運のための船着場などの整備、河川舟運の復興に向けたさまざまな取り組み。	・堀川の再開発は、北九州の紫川の河畔の再開発に比較すると、そのスピードは遅いが、強力なリーダーシップがなく、民間企業、行政、市民が応分の努力をして取り組んでいる事業。 ・日本の標準的な環境下での行政、民間企業、市民による川の再生と河畔の都市再生の優れた事例。 ・堀川での取り組みは、日本のほかの地域でも、河川でのアジア圏の地域でも参考にされてよい。
徳島・新町川		・戦災復興計画において河畔に緑地が計画され、時間をかけてそれが整備されたこと、川が都市の開かれた空間となった。 ・戦災復興の遺産を生かし、県が河川護岸とリバー・ウォークを整備するなど、行政のインフラとしての河川空間が整備された。 ・市民、民間企業が河畔に自らの資金でリバー・ウォークを設けた。 ・市民主導で「市民参加」で徳島の都市空間を生かした徳島の市民活動。 ・新町川の365日のイベントにさんいがまちを活性化し、経済の再興にも寄与することを示す好例。	・市民が主体的に発想し、それを素敵に行政が連携した好例。 ・市民がいかに川や水辺を愛するか、その熱意が大切なことを教える例であり、また、行政がその熱意を上手に結びつけ、川だけでなくまちの再生にも生かせることを示している。 ・川は決して争うのではなく、お互いにして良いかのつくり、まちづくりをいかに良い徳島の目線にするかに取り組み、市民参加で徳島の川や目線に組み込むことを始め、できる範囲での川づくりを行っている。 ・行政は、その市民の意欲とアイディアをいかに組み込むかにに手法を継続し、今日の新町川および徳島川のまちづくりの稀有な事例として大いに注目されている。
恵庭・茂漁川		・恵庭市では行政の積極的な取り組みで、まちづくりの骨格となる公園となる公園バリアフリー法の整備計画に位置づけている。 ・公園と連携させて川幅を広く確保させて多自然型川の多自然型作りを行い、リバー・ウォークの設置、さらには、旧河川をせせらぎ河川や水路として整備することで、川を地域の中心に貫重な空間。 ・この結果、河川周辺は恵庭市でも最も良好な住宅地となった。 ・漁川を恵庭駅周辺駅の交通バリアフリー法の整備するのみならず、駅とまちの整備計画と連結した道路の整備や歩動経路としても位置づけしている。 ・漁川と国道の結節点には道の駅を形成し、まちの形成し、都市再生が進められた。	・茂漁川、漁川は市民の参加を得て、まちづくりと継続した努力で進められてきた。 ・行政マンのリーダーと市民参加のもと、川の再生た基礎的なインフラ整備がまちづくりの骨格となり、都市整備、川の整備が進められてきた事例が、まちづくりの事例として大いに参考にされてよい。

分類	流域名	特徴	展望
欧米の事例	チャールズ川とボストン湾	・ボストンでは産業革命と都市化で汚染されたチャールズ川やマディ川を、19世紀末から再生し、中心部のチャールズ川のパッセベイ地区の植樹のある幅の広い道路（ブールヴァール）や、都心のボストンコモンと呼ばれる公園とマディ川の遊歩地（フェンズ）を結ぶボストンパークシステムの都市整備などが行われ、チャールズ川の河畔に都市の形成を同時に行ってきた。 ・ボストンの河畔の再生、川からの都市再生は、行政が中心となり、市民が一丸となって策定した都市計画に基づいて水辺の開発者、市民が一丸となって策定した都市計画に基づいて水辺の整備、いわばデザインされた都市として、再生と一体的に行われてきた。 ・その延長線上にボストン湾の水辺の汚染を分断する形で設けられていた高速道路を撤去し、都市に水辺を開放した。	・ボストンの水辺は、都市の風格をつくり出すとともに、都市形成・都市再生という経済的にも魅力的な素材として生かされている。 ・川や湾の水辺は、船による水面利用も含めて、市民はもとより内外からの観光客にも利用されており、このような水辺の再生・都市の再生は、これからも、多くの都市で行われてもよい手法である。
	マンチェスター・マージ川運河	・マージ川と運河は英国の産業発展を根底から支え、あらゆる排水を受け続けることにより水質の変化に取り残された。 ・1980年代になって、その汚染された水系を再生し、経済を再興するため行政、民間企業、市民、市民団体により継続して行われてきた。 ・どこでも生活が息している川や運河の水質をつねに浄化し、大きな目標のみを設定し、時がたっても時代とともにそれに向けての固定的な目標ではなく流域の民間企業もともにわかりやすい参加する組織の目標では価値もある水辺再生することの魅力をつくって、魅力的な水辺をつくるというコンセプトが互いに活動に実施しているところにわが好結果を水辺の生み出す仕組みをつくり上げた。	・マンチェスターのマージ川や運河では、かつての汚染され、利用されなくなった内陸港港湾区が再開発され、水辺に面した高級住宅や商業施設、博物館などが立地する地区（サルフォードキー）になり、経済的にも価値をもたらしている。その地区は、マージ河口部のリバプールで最も高級で魅力的な地区となっている。マージ河畔の港湾施設などが観光施設などに転用され、また新たな河畔の都市再生も行われている。 ・このマージ川流域キャンペーンという行政、民間企業、市民団体が連携しつつ行ってきた水系を再生し、水辺の都市再生を中心として経済を再興するという継続した活動は、その成功とともに参考とされてよい先進事例である。
	サンアントニオ川	・水害対策として、洪水の流下能力を高めるために川の直線化、上流のダムへの建設という対策が20世紀初頭に行われた。 ・それにより治水都市整備として蛇行した区間の河川敷地を埋め立てずに都市空間に生かしたが、この川の大きな特徴を生かす。 ・この川は治水都市整備として残し、市民のための空間とした。長い年月をかけて不要となる2kmにも満たない蛇行区間の河川敷地は、行政がリバーウォークを設け、緑の空間とした。 ・世界にも類を見ないさざやかが都市の願いとなって、周辺の歴史的な酒場や会議場などが、これは世界一短い区間の川に、周辺の観光の中心となって年間約1,000万人も観光客が訪れる。	・サンアントニオ川は、その後さらに治水問題に対応するために地下にトンネル放水路を新たに蛇行することで水害を防いでいる。 ・すでに利用されている区間に加えて、新たに水路が掘られた建物が建ち並び、リバーウォークとして整備されて敷地周辺にも集客能力を利用されるようになっている。 ・このようなアイデアと地域住民の熱意は、河川再生、都市再生、これからの各地での河川再生とまちづくりに参考にされてよい。

1 世界の事例からの展望

分類	流域名	特徴	展望
欧米の事例	ロンドン・テムズ川と運河	・テームズ川の流れをつくった首都ロンドンは、世界でも最も先進的に都市をつくってきた。 ・河畔には家庭や工場などから水を得るための上水道と汚染された排水を下流に導き放流するという面でも、下水道は世界で最初に実現しての都市計画でも、ロンドンは最も先進的であり、都市中心の骨格を形成してきた。 ・ロンドンの中心地のウエストミンスター地区に開放した河畔には公園を設けて水辺を市民に開放してきた。 ・ロンドンはドーバー海峡からの高潮による水害の危険性があり、下流のグリニッジ付近に高潮災害を防ぐための水門（テームズ・バリア）を設けている。このため、都心部から関係で河川沿いのリバー・ウォーク（ロンドンではフットパスと呼ばれている）は、今日でも観光運河として、テームズ川は産業革命以降、内陸舟運の動脈として盛んでの歴史と関係もあって、河畔には堤防がなく、この舟運は関係史と川を結ぶ運河の整備も進められている。	・テームズ川河畔では、都市計画により川に近いところには高い建物を建てることを禁止しており、川と河畔の地区は空が開かれ、川が都市の軸となる空間となっている。このような都市計画の面でこの都市は注目されてよい。 ・20世紀後半からは、かつての内陸舟運を支えてきた地区（ドックランド）が再開発され、ロンドンの副都心となり、その周辺の水辺には港湾施設や住宅・オフィスなどの商業施設として再開発され、水辺を生かした都市の再生が進められている。これにより、川を生かした都市としての魅力を高めている。さらにロンドン市内では、新たに運河を新設してヨットやレクリエーションなどに活用されている。今日でも運河にはヨットやフットパス、散策などを行うことも知られてよい。 ・パディントン駅周辺では、その運河を利用して水辺の都市再生を行っている。
	パリ・セーヌ川と運河	・セーヌ川はパリの都市生活を支えている川である。ある時期は膨張するパリ市民の飲み水とともにパリの排水路でもあった。工業化、都市化の進展のためセーヌ川などの水質を改善するため、汚染された下水道は処理してセーヌ川の中央部を貫流し、現在では下水道も整備が進み、汚水排水が制御されてパリの中央部を貫流し、良好な水質が流れているセーヌ川の中央部にあり、パリ観光の中心のひとつとなっている。 ・パリの街は、ロンドンと同じくセーヌ川を軸のひとつで、オスマン長官のリードで行われたパリの大改造により、放射状の植物のある広幅員道路（ブールヴァール）を作るとともに、セーヌ川の中のリバー・ウォーク河畔の通路、そして河川川舟運はパリという都市を、川のある都市の軸となっている。	・セーヌ川は、パリの観光客と訪れる市民やパリのまちを形成している。セーヌ川は、パリのまちの観光とともに、都市の骨格を形成している。パリとともに、ロンドンは、良好な空間として都市を形成している川を参考にされてよいであろう。 ・パリのセーヌ川沿いには一部区間で高速道路が建設されている。冬の洪水期には水没するためにパリの交通渋滞を加速させる。その高速道路は夏季には閉鎖され、その空間を仮設的に市民に提供することも近年は行われるようになっている。 ・いずれの川の中心市街地の徹底まも議論されていてよいであろう、2013年に予定されている中央環状線の完成後には、いずれ都心環状線は、このような一時的、社会実験的な閉鎖も検討されてよいであろう。 ・パリのセーヌ川は、市民やパリを訪れる数多の観光客により、都市の骨格も形成している。セーヌ川は、パリの観光とともに、都市整備の努力により、良好な空間として都市のテーマを形成している川として参考にされてよいであろう。

分類	流域名	特　徴	展　望
	ケルン・デュッセルドルフ・ライン川	・ライン川が貫流するケルンやデュッセルドルフの都市では、かつて河畔に設けられた連邦道路（アウトバーン）により都市とライン川の水辺が分断された高速道路により、都市と水辺が分断されていた。 ・ケルンは、ライン川河畔にある高速道路を撤去、地下化してその水辺を緑地に再生した。 ・ケルンの下流のデュッセルドルフは、かつてのライン最大のルール工業地帯の中心都市であったが、ライン川の舟運は1970年代後半に廃止となり、1980年代後半に河畔の高速道路を撤去、地下化し、そのデュッセルドルフでも、ライン川の水辺などを都市に再生した。 ・また、ライン川河畔では、河畔の建物の高さを制限し、水辺の都市の再生とともに、リバー・ウォークなど河畔への車の流入を規制する都市中心部の再構築も行っている。	・ケルンやデュッセルドルフのライン川では、後のソウルの清渓川（2003～2005年）やモスクワ（1991～2006年）に先立っての高架高速道路の撤去・地下化での高速道路の撤去、そして川と道路の関係を再構築して河畔の都市を再生した事例として知られてよい。
アジアの事例	シンガポール・リバー	・シンガポールの都市整備は、いわば国土インフラ・モデル都市として知られる。すなわち、国土の大半の土地を国家が取得し、社会インフラなどの都市インフラや建物・プランテーションを建設し、緑につつまれたガーデン・アイランドを形成した。 ・シンガポール川の水辺浄化と河畔の再開発は、リー・クアンユー首相の強力なリーダーシップのもと、国家主導で進められた。 ・国有化された土地、シンガポール川の河畔では建物の高さを制限し、歴史的な建物の形を残すように、リバー・ウォークを設け、にぎわいのある空間を民間に払い下げ、経済活動の中心となるように進められ、行政が中心となり、高品質の都市の再生と都市再生をしたし、この川の再生の建物を民間に配慮しつつ、民間企業や市民参加も配慮してしてきた。	・国家が強力に河川という社会インフラを再生・整備するとともに、民間を誘導しつつ都市を整備することで、高品質の都市を短時間に再生・整備し、アジアの都市として知られてよい。 ・アジアの都市・整備として、このように都市計画と連動して河川の再生、川からの都市再生が実践された例としてあるだろう。
	ソウル・清渓川	・ソウルの清渓川を覆う道路（平面道路、高架道路）の撤去と川の再生は、ソウルを環境と人に優しい都市に再生し、中国と日本の間に位置する北東アジアの金融や商業の中心都市とすることを目指して行われた。 ・まず道路を撤去して川を再生し、それを核として沿川の都市を再生することを目指し、それを選挙公約にしたソウル市長のもとで、この事業は、3年という短期間で実践された。 ・撤去した道路と都市公共交通の整備を、都心部の交通の改善などにどう対応するかという、公共交通システムを再構築することで、公共交通システムを含む新しいパラダイムを実践したものであった。	・再生された清渓川は、ソウルの中心部を流れるのは約6kmと短い区間であるが、川の中にはリバー・ウォークが整備されており、ソウル市民はもとより観光客などにも広く利用されている。 ・このような短い区間での河川再生が、それまでの大気汚染のような大都市イメージを変えたというソウルの大都市イメージを変えたことにも注目しておきたい。 ・この川の再生も注目されるが、道路を撤去することにより、川と道路の関係を再構築するということも注目される事業であり、世界にも注目される事例であり、韓国内はもとより道路と道路の関係を再構築することに大いに注目しておきたい。 ・この事業を実践した李明博市長は2008年大統領となり、釜山とソウルを結ぶ大運河の建設を公約しており、川と運河を軸とする国土経営、経済再生を軸とする国土経営を計画していることにも注目しておきたい。

1　世界の事例からの展望

分類	流域名	特徴	展望
アジアの事例	高雄・愛河	・台湾第二の都市の高雄市は、かつては工業都市であったが、第二次世界大戦以降の都市づくりでは、植樹のある幅の広い道路（ブールヴァール）を整備して都市の骨格を形成してきた。 ・高雄市のシンボルでもあった愛河は都市の拡大とともに、ほかの例と同じく汚染が深刻となり、1970年代には川となった。 ・その後、良質な都市としての下水道システムの取り組みとなり、水質浄化のための下水道システムの取り組みと、単に河川の水質を改善するだけではなく、愛河を高雄市の行政となる水と緑の都市空間として位置づけて、河畔の緑地帯をサイクリング、リバー・ウォークの軸となり、愛河の整備、さらには河川舟運の復興により、愛河が高級な地区となり、まちなかの魅力的かつ高級な地区となり、まちなかのブールヴァールと河畔の観光施設などとも結びつけられている。 ・この愛河と河畔はサイクリング、リバー・ウォークの軸となり、愛河の整備、さらには河川舟運の最も魅力的かつ高級な地区となり、まちなかのブールヴァールや河畔の観光施設などとも結びつけられている。	・行政がリードし、川を軸とした良好な都市形成、都市再生を行い、市民に広く利用されるとともに観光面でも活かされているアジアを代表する例として知られてよい。 ・シンガポールの都市再生と並んだ代表的な事例として、川再生、川を活かした都市計画と連動して、アジアでも都市再生が行われてきた事例として大いに注目されてよいであろう。
	上海・黄浦江	・上海はアジア最大の都市となる可能性を秘めた大都市である。 ・その上海は、黄浦江の支流の蘇州河を中心に発展してきた。 ・従来の運を担う黄浦江の河畔から対岸、上海の経済発展が対岸の浦東経済特別区の大都市として形成された。黄浦江では、洪水、特に高潮災害を防ぐために、い期間に地盤沈下が進行し、上海の堤防は地下水が汲み上げられて短期間に地盤沈下が進行し、コンクリートの堤防沈下対策も行われている。 ・そのコンクリートの堤防とリバー・ウォークを一体化してマリーナや高層タワービルが林立する浦東新区の都市に、黄浦江と対岸の上海市民はもとより観光客が集う、にぎわいのある広場が整備され、上海市民はもとより観光客が集う、にぎわいのある広場広場が整備され、水辺が再生された。	・上海発祥の川である蘇州河では、上海市長がリードして水質浄化し、生態系の再生も視野に入れ、河畔公園やリバー・ウォークなど整備するとともに河畔地区の再開発を進め、川の再生、川畔からの都市再生をピッチを進めてきている。 ・川再生から公有化する中国において、行政のリードと中国的な大きな規模から短い期間に川再生が進められてきた。 ・アジアはもとより世界最大の都市のひとつである上海では、川の再生、川畔の再生も大規模かつ短期間で進められている。都市再生の一つとなっている。
	蘇州河		
	北京・転河ほか	・かつての北京における交通・輸送の主たる手段は運河を通る船が主体であった。 ・道路を走る自動車に主体が大きく変わった。 ・その結果、かつての運河は埋め立てられ、都市から水辺の景観が消失していった。オリンピックを迎えるにあたって国際都市としての環境や景観の再生を目指し、かつての運河や河畔の再生を目指し、大規模に推進してきている。 ・その代表的な川である転河（高梁河）では、一度は埋め立てられて道路となっていた川を、道路を掘り起こし、川を復元し、道路を撤去し、公園となっていた川を、道路を撤去し、河畔に公園を設け、リバー・ウォークや船着き場を設け、その周辺の都市を再開発している。 ・土地が公有であることもあって、行政のリードで大規模かつ短い期間で急速に推進している転河の再生、運河網の北京の河川・運河網の広大な範囲に運用が行われている。	・北京での取り組みは、国際都市として環境や景観を再生するとともに、北京の歴史と文化に基づく皇帝が利用した運河を再生し市民にも開放し、都市における水のもつ意義を高めている。 ・北京では徐々に水上交通も復活を始めており、それらも含めて、川と道路の関係を再構築した事例ともなっている。 ・ソウルの清渓川の事例と同じく、川の再生をピッチで進めている川の再生、さらに都市再生を連動させた都市再生の事例としても大いに注目されてよいであろう。

分類	流域名	特徴	展望
	バンコク・チャオプラヤ川と運河	・タイの人々はチャオプラヤ川と張り巡らされた運河網で、洪水と共生しつつ農業を行い、生活をしてきたことから、川や運河は生活の一部であった。 ・しかし都市化の進展とともに生活から川が切り離され、自動車が移動手段の中心へと変わった。 ・洪水と共生してきた高床式の家屋は洪水浸水を許容できない都市型の家屋となり、都市化の進展に伴う人口の集中する都市に水を供給するための地下水汲み上げによる地盤沈下の発生により、洪水の危険が増大してきた。 ・排水やゴミにより環境が悪化した運河では水質改善が行われている。 ・物流や市民の足としてのチャオプラヤ川での水上バス、観光舟運、そして運河での水上バスの運行が途絶えることなく行われ、チャオプラヤ川を中心としたタイの河川舟運は、世界でも最も盛んである。 ・運河の水質改善とともに、運河の空間をバス・ウェイ(通路)として整備することとチャオプラヤ川の河畔でリバー・ウォークを整備(川に設けられた堤防、防水壁の全面に整備)することも進められている。	・洪水などの水に係る問題への対策を講じつつ、川やクロンの水と共生し、川や水路の都市再生が、川からの水路面での利用等などとともに進められている。 ・チャオプラヤ川を見ると、観光面では多数のホテルや高層住宅群が林立し、川面は観光などの舟運が盛んに行われている。 ・歴史的にも、そして現在でもアジアを代表する大都市であるる水の都バンコクにおける川を生かした都市形成、そして川や水路の再生、川からの都市再生として知られてよいであろう。

1 世界の事例からの展望

2 全国の都市について

　川からの都市再生は、日本全国の都市において考えられてよい。全国の主要な都市は、川の氾濫原で川から取水をして稲作農耕を行っていた社会を基盤とし、その後の人口増加により都市化社会に移行してきたことから、都市の中、あるいは近くに川があるのが普通である[1]〜[6]。そしてその連続した河川空間は、都市の面積の約1割、大きい都市では約2割程度を占めている（第1章図1-2、1-3、1-5参照）。

　その川や運河などの空間を再生し、都市を再生するうえでの軸とすることが今後は重要となる。

　その先進的な事例を以下に示しておきたい。

●都市計画（戦災復興）の成果のうえに市民主体・行政参加で再生された都市：徳島・新町川からの都市再生

　徳島は、第2章で述べたように新町川を生かして都市再生が行われてきた。この都市では、一時期汚染された川の水質を工場などからの排水規制、下水道の整備、そして吉野川からの導水などにより改善するとともに、河岸の護岸整備や戦災復興計画で確保された河畔緑地（図5-4、写真5-16、第2章図2-21参照）を都市の軸として再生し、川からの都市再生を進めてきている。

　戦災復興計画では、徳島駅から眉山へ樹木のある幅の広い道路を設けるとともに、新町川河畔に公園緑地を整備することを計画しており、それが相当程度に実現している。

　また、一部地区では、商店会により河畔のボード・ウォークの整備がされ、パラソルショップの開設や、河畔へのレストラン、ブティックなどの立地が進んでいる。それに加え、市民団体が運営する遊覧船の運航により、多くの市民やこの都市を訪れる観光客が乗船して川から都市をみることができ、より川が

都市に生かされるようになっている。さらに川の清掃、河畔の植栽、ほぼ毎日ともいえる川のイベント開催などの市民団体の活動が、徳島の都市再生の軸となり、観光の新しい場所ともなっている。

　一度見捨てられた新町川であるが、現在では水の都・徳島としてそれを生かしている。徳島の川からの都市再生は、市民主体・行政参加で進められた勇気のわく先進的な事例である。

　このような、都市計画と連携した川からの都市再生としては、日本では戦災復興計画に河畔に緑地と歩道が整備されてきた広島の都市整備や、高雄の愛河からの都市再生（図 5-1 参照）も参考となるであろう。

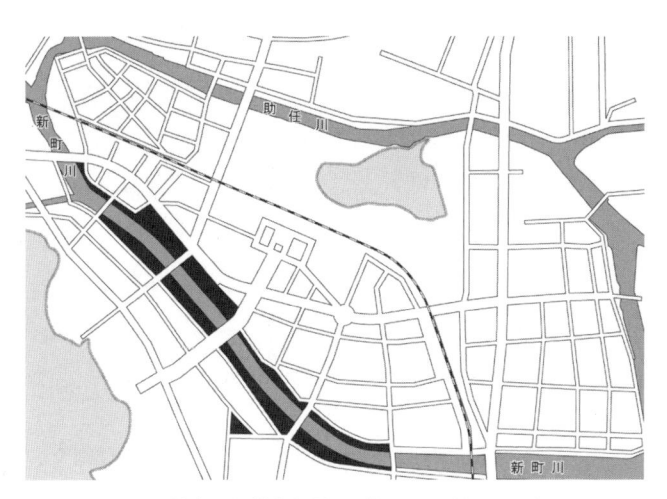

図 5-4　徳島の戦災復興計画（新町川河畔緑地など）

写真 5-16　徳島の新町川の河畔緑地の風景

● 行政のトップによる継続的かつ強力なリードで推進された川からの都市再生：北九州・紫川からの都市再生

　北九州の紫川の事例は、第2章で述べたように、河川や道路、住宅・都市整備などを総合し、民間の再開発を奨励しつつ進められた川からの都市再生の代表的な事例といえる。この再生は、市長の強力かつ長期にわたるリードにより実践されてきた。

　下水道整備や工場などからの排水規制などにより河川の水質を浄化するとともに、都市型の洪水氾濫を防止するための治水整備を行い、そして河畔への護岸やリバー・ウォークの整備、河畔の都市再開発によるホテルや河畔の商業施設の立地などが行われている。川に架かる多くの橋も現代的なものに架け替えられている。川と河畔の都市が再生されるとともに、川にちなんだ多くの祭りや活動も起こり、川からの都市再生が促進している。

　川を生かした総合的な都市再生、そしてその推進に強力かつ長期にわたる行政の長のリードがあったことで知られる先進的な例である。ほぼ同時期にスタートした名古屋の堀川からの都市再生の進捗状況と比較しても、この紫川でのリーダーシップの役割を知ることができる。

● 都市計画（戦災復興）で計画・構想された河畔の活用

　日本の都市では、都市計画の導入が始まった戦前の緑地計画や、第二次世界大戦で焦土と化した都市の戦災復興計画で、河畔に緑地と歩道などを設けることが計画された。

　東京では、後述するように、それに加えて関東大震災という特殊な出来事の後に帝都復興計画が立案され、隅田川の両岸に、わが国最初の河畔公園である隅田公園が整備された。この帝都復興計画では、海辺の水辺公園である横浜の山下公園も整備されている。

　戦災復興計画は、多くの都市で計画され、河畔に公園緑地を設けることも計画されたが、実践に移された事例は極めて少ない。その数少ない例が、徳島の新町川の河畔公園であり、原爆で徹底的に破壊されたために計画どおり河畔に緑地と歩道などが整備された広島の太田川の各派川である。広島では、川沿い

の緑の空間が都市の軸として生かされている。ちなみに徳島の新町川では、「第10回 川での福祉と教育の全国大会」が2009（平成21）年に開催される予定である。この二つの都市を除くと、戦災復興計画に基づく河畔の公園緑地は、ほとんど実現していない。その典型的な例は東京である。首都圏の河川や運河には公園緑地が構想されたが、全く実現しなかった。東京の戦災復興計画は、池袋駅周辺や新宿駅周辺の再開発などが実践に移されたのみである。

戦災復興計画の河畔緑地の確保や歩道などの整備の構想は実現しなかったが、その構想で示された河畔のリバー・ウォークや緑地の整備は、これからの都市の川の再生や川からの都市再生において進められてよい。

●都市域の面積の約1割を占める連続した河川空間は都市の社会的共通資本

都市の面積の約1割は連続した河川空間である。そこは国有地であり、国民、市民共有の空間である（第1章図1-2参照）。その約10％の河川の面積に、公園緑地3％、道路面積約16％を加えると、都市の面積の約30％、すなわち都市の面積の約1/3は公共用地である。なお、20世紀を通じて進められた湾岸域の埋め立てにより形成された海に通じる水路や運河の面積を加えると、都市の水面積はさらに広大である（第1章図1-3参照）。

水と緑、生きもののにぎわいなどがある河川などの水の空間に代わる公有地は都市には存在しない。このような空間を都市再生に生かすことが重要である。

●リバー・ウォークを整備することにより川の空間を都市の貴重な空間に

都市や地域において川の空間を生かす必須の装置として、川に沿った、あるいは川の中のリバー・ウォークがある。リバー・ウォークがあると、その空間は都市に開放され、散策などに利用され、都市の軸となる空間として生かされる（写真5-17、5-18。第1章写真1-27〜1-36参照）[4],[7]。

その空間は、健康や福祉、医療、さらには教育に生かされ、都市においてそれらが融合する空間ともなりうる[7],[8]。

かつて東京緑地計画などの地域計画において構想された水と緑の保健道路

写真 5-17　河畔のリバー・ウォーク　　　　写真 5-18　川の中のリバー・ウォーク
　　　　　（ロンドンのテームズ川）　　　　　　　　　　　（サンアントニオ川）

(第 2 章図 2-6、図 2-7 参照) は、これからの川からの都市再生においても重要である。

●河川や運河の舟運は、都市を河川や運河と結びつける装置

　都市の中にある河川や運河を都市に結びつける必須の装置として、リバー・ウォークのほかに舟運がある[5]。それは、舟運のある東京の隅田川、徳島の新町川、パリのセーヌ川、ロンドンのテームズ川、テキサスのサンアントニオ川、高雄の愛河などと、舟運のない都市とを比較すると容易に理解されるであろう (**写真 5-19**。第 1 章**写真 1-38 〜 1-47** 参照)。

　舟運は、川や運河などの水面と都市を結びつける都市の装置である。

写真 5-19　サンアントニオ川の舟運

●これからの都市再生は、連続した川、運河、堀、湾岸などの水辺空間から

　これまでに紹介した世界各地の事例から知られるように、川からの都市再生においては、広域的な都市の再生が行われている。そこが六本木や汐留など、都市の一地区の都市再開発とは異なるところである。

　川からの都市再生は、徳島や高雄の例などにみられるように、河畔の緑地やリバー・ウォークの整備、そして都市に開かれた空間となった川の沿川の都市再開発、さらには河川舟運の再興により、都市全体の再生につながっているのである。

　これからの時代は、自然や文化と共生した都市再生が求められるが、それは川からの都市再生により可能となる。すでに述べたように、20世紀を通じての都市整備の基軸であった道路ではなく、かつては都市の動脈であったが、その後、都市の静脈空間となっていた川や運河などの水と緑の空間が、都市再生の貴重な素材となる時代となったといえる。世界はもとより、日本でもその例を、東京の隅田川や徳島の新町川、北九州の紫川とそれらの河畔の都市再生にみることができる。

3 東京の日本橋川、大阪の道頓堀川・東横堀川と大川

かつて水の都と呼ばれた東京首都圏と大阪について、これからの川からの都市再生について考察しておきたい。

●日本橋川の再生、川からの都市再生

東京は、江戸時代から明治初期までは、清潔で美しく、見事な水の都を形成していた。このことは、国内の記録のみならず、多くの欧米の旅行者などから東洋のベニスとも呼ばれたことなどからも知られる。

その変化を都市計画（特に都市における川などの水と水辺、緑の計画）とともにみると以下のようである（第1章図1-1参照）。

東京が関東大震災（1923〈大正12〉年）に見舞われた後、本邦初の都市計画である帝都復興計画（1923年）が作成され、主として現在の都心部に街路を整備することで都市の復興が図られた。台湾などで都市形成の経験を持ち、かつ実行力も持った後藤新平の尽力などにより、この計画は、日本では珍しく多くの部分が実践に移された。この帝都復興計画では、隅田川河畔の河畔公園、公園道路を設けるとともに、楓川などの運河の改善も行われている。すなわち、この時代は、陸域の街路の整備とともに、河川や運河が防災面も含めて都市に位置づけられ、整備された。

その後の東京緑地計画（1939〈昭和14〉年）では、川と河畔は保健道路を有する水と緑の空間として位置づけられた。この計画については、戦時中には防空計画として緑地などの空間を確保することが進められたが、砧や水元などのまとまった公園以外は、農地解放などで消失した[1),9)]。都市の空間として保健道路を有する河川空間の整備は、全くといってよいほど実践されなかった。なお、この東京緑地計画における郊外のグリーンベルト計画は、その後の第一次首都圏整備計画（1958〈昭和33〉年）にまで引き継がれたが、最終的には土地所有者

の抵抗、圧倒的な都市化の圧力、政治的な判断などにより、都市計画法での市街化区域・市街化調整区域の制度と優良農地の保全（いわゆる農業の振興に関する法律）を残し、実現することなく終わった。

東京の戦災復興計画（1945〈昭和20〉年）は、都心部の河川などの保全と河畔の緑地確保を計画したが、新宿などの駅前の再開発を除き、川や緑地の計画は、ほぼ全くといってよいほど実行されなかった。

都市の運河や堀、水路が埋め立てられ、消失するのは、戦災復興における瓦礫の処理場として利用されたこと、さらにその後の経済の高度成長期（1970〈昭和45〉年ごろ以降）に工業排水や都市排水で水質が汚染され、黒い水となり、さらには底に堆積したヘドロからメタンガスが発生するなどして都市の最も醜悪な空間となった時代以降のことである。川や運河は埋め立てられ、地下化され暗渠（下水路）となり、都市の空間から消失していった。

そして、その後決定的に川や運河が都市の空間から消失したのは、東京オリンピックを前にして、増え続ける車による交通問題を解消することを目指して首都高速道路が建設された時代である。この時代に、日本橋川や神田川、渋谷川下流の古川上空は高速道路に占用された。外堀の東京駅周辺は埋め立てられ道路に、楓川や築地川は干し上げて掘割道路となり、都市の水と水辺の空間が消失した。東京における河川、水路などの変遷について概括的に整理したものが第 1 章図 1-4 である。

東京首都圏における川や水路、堀などの水の空間の変化をみたものが第 1 章図 1-5 である。この 100 年の間に多くの川や水路、運河などが消失したことがわかる。特に、東京東部の現在の荒川（隅田川の放水路として建設された人工の河川）と隅田川に囲まれた範囲での農業用水路などの消失が著しい。また、東京西部、北部の山の手の丘陵地における河川、玉川上水などの水路も消失している。消失した水路には、下水道として暗渠化されたもの、埋め立てられたものがあり、そのほとんどの上部は道路として占用されている。消失した河川、水路網のごく一部、すなわち境川・小松川や北沢川などで、上部をせせらぎ水路と緑道としたものがある。

日本の代表的な都市河川として日本橋川についてみると、この川は徳川幕府ができて以来、江戸・東京の中心にある川である。その大まかな経過を整理す

ると以下のようである。

* 江戸時代以降、都市の中心にあった日本橋川。日本橋川には魚河岸があり、その周辺には多数の河岸が発展し、江戸の物流・経済の中心地であった。日本橋川の周辺には江戸城があり、商業の中心として栄えた。
* 明治以降も同様に、首都東京の経済の中心であった。その周辺には銀行、デパートなどの商業施設が立地した。
* 関東大震災（1923〈大正12〉年）後の帝都復興計画でも、日本橋川や楓川などの都市の物流などの中心的な機能はその増強が計画され、実行された。この時代にあっても、日本橋川や運河は首都東京の空間を形成し、経済の中心的な場所となっていた。
* その運河などは、第二次世界大戦後の瓦礫の処理により一部が埋め立てられた。そしてそれに引き続く工業化、都市化の急激な進展とともに、河川や運河の水質が極めて悪化し、川底にはヘドロが堆積し、異臭を放つ汚れた都市の空間となった。さらには、都市型の水害も発生して、川が都市の空間として好まれない場所となった。
* しかし、そのような都市の河川、運河の空間が決定的に消失するのは、東京オリンピックを前にして、増加する自動車、モータリゼーションの進展に伴う道路交通問題を軽減、解消するために計画された首都高速道路の整備が進められ、河川や運河が占用されたからである。日本橋川や楓川などは、都市の死んだ空間となった（写真 5-20 ～ 5-22。第 1 章図 1-4、1-5 参照）。

この日本橋川を覆う高速道路の撤去に関しては、その最初の構想は東京都の河川部局で検討された。そこでは、まずは日本橋川を覆う高架道路の化粧をし、

写真 5-20　掘割の高速道路となった楓川　　写真 5-21　日本橋川を覆う首都高速道路

河畔にリバー・ウォークを整備するとともに舟運を再興すること、そして、将来は高架の高速道路の撤去が示された（図 5-5）。筆者（吉川）はこの構想づくりの事務局としてその立案に参画した。また、日本橋川周辺の企業や市民などにより日本橋川の再生が議論されるようになった。

写真 5-22　神田川を覆う首都高速道路

そして、当時の扇建設大臣の指示もあって道路部局（建設省道路局、首都高速道路公団、東京都）の検討においても、将来における日本橋川を覆う道路の撤去が議論されるようになった。この段階で東京都の都市計画部局は、日本橋

現在

⇩

当面の措置
■水辺にアクセスできるようにし、船も浮かべる。

⇩

将来
■高速道路を撤去する。

図 5-5　日本橋川再生への構想（リバー・ウォークの整備と舟運の再興から高速道路撤去へ）

写真 5-23　高速道路撤去後の日本橋川（イメージ写真）

川の上空を覆う首都高速道路が撤去された将来像を示している。

　さらに、小泉首相の同意も得て、学者などによる将来像の検討がなされ、民間主導による日本橋川周辺の再開発を起動力として、民間の貢献を前提として首都高速道路を撤去し、日本橋川を再生するという、非現実的ともいえる構想が提示された。この計画は、周辺の都市再生を前提としており、いつになったら実現するかわからない。また、公共が主導せずに民間の主導で社会インフラを再生するという、世界の事例に照らしても非現実的な議論である。このような道路の撤去や河川の再生は、公共が主体的に関与し、民間を誘導するという形態以外では実現の可能性は乏しい。

　また、いつの時期になるかわからない高架の高速道路の撤去を前提としている点にも問題がある。今からすぐにでも始めるべきことから将来像を描いていくことが重要である。それは以下のようなことである。

* 　東京都の河川部局の構想に示されるように、首都高速道路に化粧をするとともに、リバー・ウォークを設け、舟運を再興して人々が日本橋川に接する機会を設ける（図 5-5 参照、写真 5-23）。
* 　そして、河畔の再開発に注意し、将来の日本橋川の構想に近づける努力をする。この面で、かつての JR 貨物の跡地の再開発により生まれたアイガーデン・エア地区は、その手本となるものである。そこでは河畔にリバー・ウォークと植樹帯を設け、その外側に街路、さらには公開空地を配置し、その外側にビルを建てている。これにより日本橋川周辺に空の開けた公共空間を配置している（写真 5-24）。

　また、大手町のかつての建設省関東地方建設局跡地を含む大手町の再開発

では、日本橋川河畔には 12m の歩行者専用道路を設ける都市計画決定をしており、日本橋川周辺に歩行者通路などの空間を設けることとしている（図5-6）。

これらに対して、問題なのは千代田区役所が入った合同庁舎ビルであり、それはプライベート・ファイナンス・イニシアティブ（PFI）で建設された

写真 5-24　日本橋川河畔にリバー・ウォークや空地を設けた民間再開発（アイガーデン・エア）

こともあって、河畔には全く空地を設けることなく、その空間をビルの中に取り込むという経済性のみを考慮した問題の建物である（写真 5-25）。民間の開発や、自ら都市計画決定をした大手町の再開発地の計画に照らしても、問題の多い公共建築である。

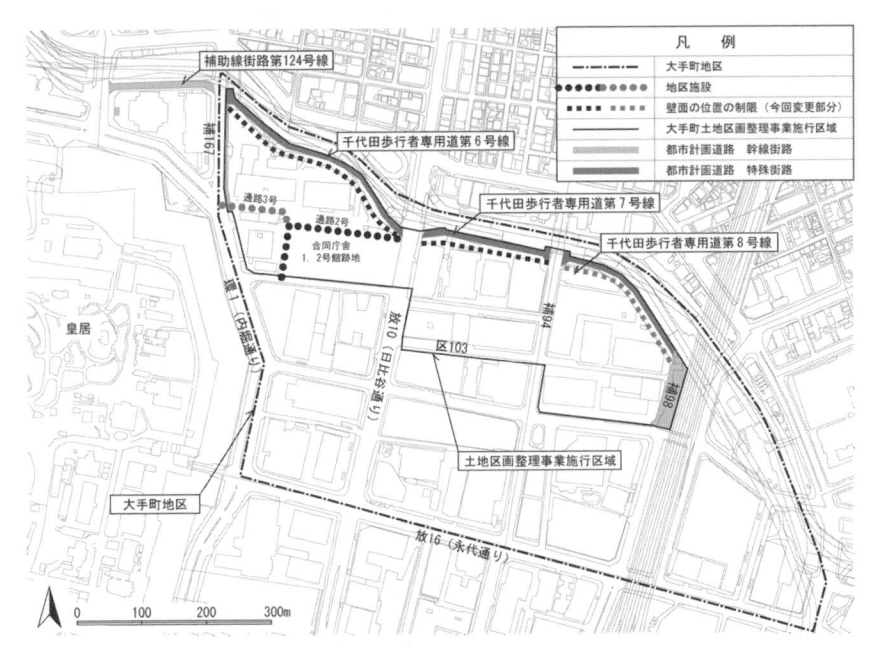

図 5-6　大手町の再開発地区の都市計画（河畔には 12m の歩行者専用道路を計画。千代田区都市計画資料より作成）

3　東京の日本橋川、大阪の道頓堀川・東横堀川と大川

写真 5-25　日本橋川河畔に空地を設けることなく建設された千代田区役所などが入った合同庁舎ビル

写真 5-26　常盤橋の河畔に日本銀行、江戸城との間を塞ぐ形で建設された建物（左：防災船着場に近接した建物、右：写真右側の建物）

　また、日本橋川が江戸城と最も関係する常盤橋周辺では、船着場（防災船着場）の場所に、日本銀行との間を塞ぐ形で幅の狭い建物が建設された（**写真5-26**）。このような、かつての河岸という狭い公共用地の跡地で、河畔の公共的な場所であるべきところに民間の建物が建つことを防ぐ努力が全くなされていない。そのような建築の規制や誘導、さらには公共などによりそのような建築を防ぐための土地の買取などの議論が全くなされていないのは問題である。

　前述の学者などによる非現実的な議論がなされる一方で、このような現実の問題が進行していることに注意する必要がある。日本橋川河畔の土地利用について、都市計画は全く機能しておらず、また、それに対応すべき行政も全く対応できていないのが現実であり、この問題を解消することがより重要であるといえる。

　この日本橋川の再生に関しては、高速道路の撤去などを実践する目標年次計

画の設定も必要である。それは、東京オリンピックを前にして設けられた高架の首都高速道路を、次の東京オリンピック前に撤去して川を復元するといった期限の設定である。また、もともと首都高速道路の建設は、東京都内の交通問題を解消・軽減することを目的としていた。今日のように、都心環状線に都心を通過する交通を引き込み、渋滞を加速することは想定してはいなかった。通過交通が6割を占める首都高速道路の都心環状線は、都心の平面道路の整備とともに、中央環状線が完成する2015（平成27）年に撤去するといった議論もされてよいであろう。それにより、日本橋川のみならず、神田川や古川（渋谷川下流）の上空を覆う高架高速道路の問題や、楓川のような掘割道路の問題を解決し、川や運河の再生、そしてそれを核とした河畔の都市再生も可能となる。このような大きな問題の解決には、世界の事例からもわかるように、東京都（知事）の主体的な関与が不可欠であり、知事のリード、知事選挙のマニフェストでの意思決定などが重要であるといえる。

　日本橋川を覆う首都高速道路の撤去は、時期は不明であるが将来的には実現するであろう。その実現に当っては、東京都の主体的な関与が必要であること、また、いつになるかわからない道路撤去を前提として議論するのではなく、今すぐに始めるべき川の再生や河畔の土地利用の誘導・規制などに取り組むべきこと、そして川の再生、川からの都市再生には、例えば次の東京オリンピック前など、その達成目標年次を設定することなどが、今後の重要な検討事項である。

●大阪の道頓堀川・東横堀川と大川からの都市再生

　大阪は水都といわれている。多くの堀川と、かつての淀川と大和川が合流して流れていた大川（中之島地区では堂島川と土佐堀川に分かれる）が都心部を流れている。大川は、大和川と淀川が放水路で分流され、さらには下流部に防潮水門（高潮災害を防ぐ水門）が設けられたことから、相対的に水害に対しては余裕のある川となっている。

　東京の隅田川も、前述のように、かつて合流していた利根川が東の鬼怒川に流路が付け替えられて流入しなくなり、荒川も荒川放水路で分流されたことから水害に対しては以前より余裕が生まれたが、河口部に防潮水門を設けずに、

高い堤防を設けて高潮災害を防ぐ方式を採ったため、まちと川とが防潮堤防により分断された。この防潮堤防が低い分だけ、大阪の大川は川とまちとの距離感が近い（写真 5-27）。

大阪の東横堀川では、阪神高速道路がその上空を占拠している（写真 5-28）。この東横堀川は、かつて船場と呼ばれた大阪の経済の中心地である。その川が高架の高速道路に占用されている。その先には大阪の歓楽街である道頓堀地区を流れる道頓堀川がある。さらにその先には埋め立てられて上空を阪神高速道路に占拠された西横堀川がある。大阪の特に海に近い方の堀川の多くが埋め立てられて道路となっている。

大阪の川からの都市再生では、いくつかの実践が始まっている[1]。道頓堀川

写真 5-27　大阪の大川と東京の隅田川の堤防、まちと川との関係
（左：大阪の大川、右：東京の隅田川）

写真 5-28　上空を高架の阪神高速道路に占拠された東横堀川

では、上下流に水閘門を設けて水質を浄化するとともに水位を一定に制御し、水面に近い場所にリバー・ウォークを設けている（写真 5-29）。そして、河川舟運の再興も行われている（写真 5-30）。

このような道頓堀川の再生に加えて、日本橋川で議論されているように、東横堀川、すなわちかつての船場地区の高架の高速道路の撤去も含む川の再生、川からの都市再生も議論され、実践に移されてもよいであろう。さらには、大川（土佐堀川）を覆う高架の高速道路の撤去、すでに埋め立てられて道路となっている堀川の再生も検討されてよいであろう。

また、大川では、東京の隅田川に比較すると、まちと川とが近い関係にあるが、川と都市を結びつけるリバー・ウォークの整備は隅田川と比較すると大き

写真 5-29　道頓堀川のリバー・ウォーク

写真 5-30　道頓堀川の舟運の再興

く遅れている。隅田川のように、リバー・ウォークの整備や緩傾斜堤防化、スーパー堤防による再開発なども望まれるところである。舟運については、水上バス以外にも多様な船の導入が進められており、それらとリバー・ウォークの整備などが相乗的に効果を発揮して、川からの都市再生が進められることが期待される。

　大阪では、「水都大阪2009」として、大阪府、大阪市、関西経済界が中心となって、2009（平成21）年を目指した船着場やリバー・ウォークなどの整備が進められている（**表** 5-2）。この「水都大阪2009」では、世界舟運会議、川からの都市再生会議のような川に関する国際イベントも構想されている。世界の水都として宣言し、実践していくステップとなる活動である。

表 5-2　「水都大阪 2009」の活動の概念

テーマ：水に浮かぶ都市・大阪	
基本コンセプト：	■水都大阪の魅力を創出し、世界に発信 ■市民が主役となる、元気で美しい大阪づくり ■開催効果が継続し、都市資産や仕組みが集積されていくまちづくり
プロジェクト：	■水都まち並みプロジェクト 　アートを媒介に、新しい水都大阪のまち並みを創出 ■舟運プロジェクト 　水の回廊を中心に川のにぎわいを取り戻し、川から大阪をブランディング ■リバー・ウォークプロジェクト 　川を楽しむ新しい大阪の文化を創出

4 川からの都市再生が目指すもの

　川の再生、川からの都市再生は、単に川や運河などを再生することが目的ではなく、都市を再生することがテーマである。その貴重な素材が、その都市の歴史と文化を刻んできた川である。

　そして、川を再生し、川からの都市再生を進めることは、歴史、文化、環境を再生するのみではなく、さらには水辺の都市再開発や観光などの面で、経済を再興・再生するものでもある（図5-7）。

　世界における川の再生、川からの都市再生の事例で示したように、世界は今、20世紀のように道路を建設することで都市を形成、再生する時代を終えて、川や運河などの連続した水辺空間を生かしつつ都市を再生する時代となっている。

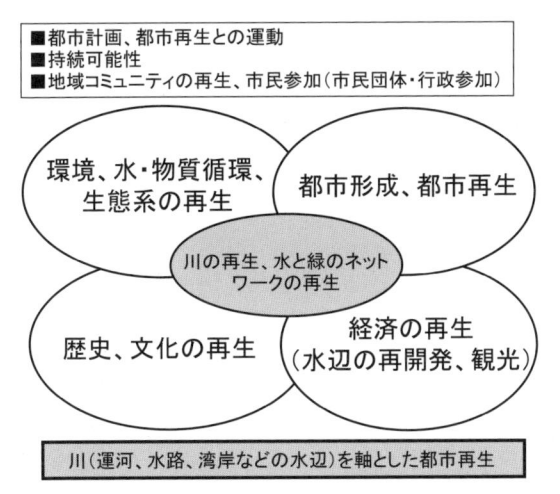

図5-7　都市再生のテーマと目指すこと
（都市再生がテーマ。歴史・文化、環境の再生、経済の再生〈水辺の再開発、観光〉）

わが国においても、これからの都市再生において、川や運河・堀川に着目し、自然と共生する都市再生が進められることが期待される。

　21世紀の都市再生は、川の再生、川に着目した都市再生の時代である。

〈参考文献〉
1)　吉川勝秀：『流域都市論－自然と共生する流域圏・都市の再生－』、鹿島出版会、2008
2)　吉川勝秀：『人・川・大地と環境－自然と共生する流域圏・都市－』、技報堂出版、2004
3)　吉川勝秀：『河川流域環境学－21世紀の河川工学－』、技報堂出版、2005
4)　吉川勝秀編著：『多自然型川づくりを越えて』、学芸出版社、2007
5)　三浦裕二・陣内秀信・吉川勝秀編著：『舟運都市－水辺からの都市再生－』、鹿島出版会、2008
6)　吉川勝秀編著：『河川堤防学－新しい河川工学－』、技報堂出版、2008
7)　吉川勝秀編著：『川のユニバーサルデザイン－社会を癒す川づくり－』、山海堂、2005
8)　吉川勝秀他編著：『川で実践する　福祉・医療・教育』、学芸出版社、2004
9)　石川幹子・岸由二・吉川勝秀：『流域圏プランニングの時代』、技報堂出版、2005

おわりに

　本書では、これからの時代には20世紀を通じて中心的なコンセプトとなってきた道路、街路による都市形成、都市再生ではなく、都市の歴史とともに存在してきた川や運河などの水辺の再生からの都市再生が重要となることを示すために、まず、世界の川や運河などの水辺からの都市再生の事例を紹介し、そして、それら事例も参考としつつ、わが国のこれからの時代の都市再生について述べた。

　すでに、欧米の都市のみならず、アジアなどの都市においても、都市に道路を建設して、都心に通過交通を含む自動車を引き入れて都市を形成する時代ではない。むしろ都心への自動車の進入を制限または排除する時代である。既存の都市内の高速道路などを撤去し、あるいは地下化して、都市の川を再生するとともに都市を再生する時代である。

　20世紀前半に都市形成の基本コンセプトとなっていた幅の広い、樹木のある街路を設け、そして都市に広く存在していた川や運河などの水の空間を生かすという構想は、これからの時代において、再び都市形成、都市再生の基本として考慮されてよいであろう。当時の街路は、今日のように自動車に占拠された道路ではなく、樹木のある幅の広い都市の空間であり、公園道路ともいえるものであった。

　日本では、関東大震災後の帝都復興計画において、街路を形成することで都市を復興、発展させることが計画され、実行された。その後の東京緑地計画で都市の緑地の確保・整備、川と河畔の水と緑の空間確保が計画され、戦時の防空空間確保、戦後の農地解放による緑地の解除などを経て、その一部が実行された。その資産が今日に引き継がれてきた。

　その後は、東京首都圏でみると、汚染された川や農業用水路などが下水道として暗渠化され、あるいは埋め立てられ、その上が道路となった。東京オリンピックを前にして、増加してきた自動車の渋滞を解消・軽減することを目的として、河川や運河、堀などの水辺、確保されていた緑地などに首都高速道路が設けられた。これが都市における川や緑地を消失させ、あるいは都市におけるそれらの存在を人々から遠ざける大きな原因の一つともなった。

　しかし、これからの時代には、その失われ、あるいは人々から遠ざけられて

いた川や運河、堀を再生し、それを軸とした都市再生を進める時代である。その川や運河、堀などの水辺空間は都市の面積の約1割を占め、連続した公有地（国民共有の土地）である。その水辺空間を生かして都市を再生することは、日本のみならず世界の都市の方向となっている。

　本書がこれからの都市再生を行う行政関係者や民間企業の関係者、そして学識者や学生、市民などに参考にされ、活用されることを期待したい。

　本書で示した事例も参考としつつ、今後、日本における川をはじめとする水辺からの都市再生、都市計画を論じるとともに、日本橋川と周辺の都市再生など、川からの都市再生の具体的な提言もしていきたいと考えている。その活動の一環として、水の都東京の催しなどを開催するとともに、次回東京オリンピックまでの間に川と水辺の再生、そして川からの都市再生などが進展するよう提言していきたいと考えている。

　最後に、本書を出版するにあたり、山畑泰子さん、伊藤大樹さん、前田裕資さん、徳島の中村英雄さん、高雄市の方々、および技報堂出版の石井洋平さんほかには大変お世話になった。ここに記して感謝を表したい。

2008年9月

吉川　勝秀

<編著者>

吉川　勝秀（よしかわ・かつひで）〔執筆：はじめに、第1章～第5章、おわりに〕

日本大学　教授（理工学部社会交通工学科）。
京都大学　客員教授（防災研究所・水資源環境研究センター）。
工学博士、技術士。

1951年高知県生。東京工業大学大学院（理工学研究科）修士課程修了。
建設省：土木研究所研究員、同河川局治水課長補佐・河川計画課建設専門官・流域治水調整官、下館工事事務所長、大臣官房政策課長補佐・環境安全技術調整官、大臣官房政策企画官、国土交通省：政策評価企画官、同国土技術政策総合研究所環境研究部長等を経て退職。
慶應義塾大学大学院政策・メディア研究科教授、リバーフロント整備センター部長を経て現職。
中央大学大学院理工学研究科・東京工業大学理工学部の各講師。日本学術会議特任連携会員。NPO川での福祉・医療・教育研究所　代表（理事長）。
著書に『人・川・大地と環境』・『河川流域環境学（単著）』・『流域圏プランニングの時代（編著）』・『川からの都市再生（編著）』・『アジアの流域水問題（共著）』・『河川堤防学（編著）』（いずれも技報堂出版）、『舟運都市（編著）』・『流域都市論（単著）』（いずれも鹿島出版会）、『多自然型川づくりを越えて（編著）』・『川で実践する　福祉・医療・教育（編著）』（いずれも学芸出版社）、『水辺の元気づくり（編著）』・『市民工学としてのユニバーサルデザイン（編著）』（いずれも理工図書）、『自然と共生する流域圏・都市の再生（共著）』・『川のユニバーサルデザイン（編著）』・『建設工事の安全管理（監訳）』・『生態学的な斜面・のり面工法（編著）』（いずれも山海堂）、『地域連携がまち・くにを変える（共著）』（小学館）、『東南・東アジアの水（共著）』（日本建築学会）などがある。

<著者>

伊藤　一正（いとう・かずまさ）〔執筆：第2章～第4章〕

㈱建設技術研究所　国土文化研究所　企画室長。
㈶リバーフロント整備センター　技術普及部　上席参事　併任。
武蔵工業大学　非常勤講師（工学部都市工学科）。
博士（工学）、技術士。

東京理科大学（理学部）卒業。京都大学にて水工学分野で博士号取得。㈱建設技術研究所東京本社河川部、技術開発本部、AI研究室長を経て現職。
土木学会情報利用技術委員会小委員長、水文・水資源学会国際委員会委員長、アジア太平洋水資源協会（APHW）事務局員、アジア河川再生ネットワーク（ARRN）事務局員、国際水工学会（IAHR）下水道実時間制御Workingグループ委員。NPO日本水フォーラム事務局アドバイザー。NPO東京中央ネット　江戸日本橋観光めぐり事務局長。
著書に『水文・水資源ハンドブック（分担執筆）』（朝倉書店）、『防災事典（分担執筆）』（築地書館）、『地下水環境・資源マネージメント（共著）』（同時代社）、『河川舟運－川からの都市再生－（分担執筆）』（鹿島出版）、『土木情報ガイドブック（分担執筆）』（土木学会）などがある。論文多数。

都市と河川
―世界の「川からの都市再生」―

2008年10月25日 1版1刷発行			ISBN 978-4-7655-1741-6 C3051	

定価はカバーに表示してあります。

編著者	吉 川 勝 秀	
著 者	伊 藤 一 正	
発行者	長 滋 彦	
発行所	技報堂出版株式会社	

〒101-0051 東京都千代田区神田神保町1-2-5
（和栗ハトヤビル）

日本書籍出版協会会員
自然科学書協会会員
工学書協会会員
土木・建築書協会会員

電 話 営 業（03）（5217）0885
編 集（03）（5217）0881
FAX（03）（5217）0886
振替口座 00140-4-10
https://www.gihodobooks.jp/

Printed in Japan

ⒸKatsuhide Yoshikawa, 2008

装幀・印刷・製本 技報堂

落丁・乱丁はお取り替えいたします。
本書の無断複写は、著作権法上での例外を除き、禁じられています。

◆小社刊行図書のご案内◆

定価につきましては小社ホームページ (http://gihodobooks.jp/) をご確認ください。

川からの都市再生
―世界の先進事例から―

リバーフロント整備センター 編
A5・150頁
ISBN 978-4-7655-1678-4

【内容紹介】本書では、韓国ソウル市を流れる清渓川を覆っていた平面道路とその上の高架の高速道路を撤去し、清渓川を再生することにより、その周辺だけでなく都市全体を再生しようという、世界的にも注目されるプロジェクトを紹介する。ソウル市で展開された、空間としての河川の再生、道路交通そのもののマネジメント、都市の空間再生という、複合的な政策の決定から実施までのプロセスを追う。

河川流域環境学
―21世紀の河川工学―

吉川勝秀 著
A5・272頁
ISBN 978-4-7655-3404-9

【内容紹介】従来の「河川空間」における現象のみを扱った水理学的な河川工学ではなく、「河川空間」を含む「沿川空間」や「流域空間」にまで視野を広げた河川工学、河川流域工学について述べる。歴史的な視点を持ちつつ、これからの実践的な河川整備と管理を念頭に、河川の現場などでの実管理の経験を生かし解説する。河川や流域、そして水の問題について、日本の河川のみならず、世界の河川についても言及する。

人・川・大地と環境
―自然共生型流域圏・都市に向けて―

吉川勝秀 著
A5・376頁
ISBN 978-4-7655-3196-1

【内容紹介】水・川と人・文明とのかかわりから人と環境・自然との共生について少し長い時間スケールで考察した。一般論としての議論と、現実を踏まえた具体的な実践事例から構成されており、人と水と大地の環境についての歴史的経過や現状の理解、「自然共生型流域圏・都市の再生」のイニシアティブの推進、課題への流域交流などによる対応といった具体的な実践活動に役立つ。

河川堤防学
―新しい河川工学―

吉川勝秀 編著
A5・288頁
ISBN 978-4-7655-1730-0

【内容紹介】本書は、わが国ではじめて、治水システムとしての河川堤防論を提唱し、河川工学の新しい分野を切り開いた。河川堤防の成り立ちや、実際の河川管理と堤防決壊に関する豊富な経験を踏まえて、これからの少子・高齢化、地球温暖化による豪雨多発社会にふさわしい河川堤防の設計・強化論と安全管理のあり方を体系的にわかりやすく述べている。

技報堂出版　TEL 営業 03 (5217) 0885　編集 03 (5217) 0881
FAX 03 (5217) 0886